专家田间会诊丛书

图说甘薯生长异常及诊治

张立明 张振臣 主编

中国农业出版社
北 京

《图说甘薯生长异常及诊治》

编　委　会

主　　编　张立明　张振臣

副 主 编　王庆美　汪宝卿

参编人员　（按姓氏笔画排序）

王永江　孙厚俊　李育明　李洪民

李爱贤　杨国红　邱思鑫　余　华

张永春　张海燕　陈书龙　房伯平

段文学　侯夫云　秦　桢　董顺旭

傅玉凡　谢逸萍　解备涛

前 言 FOREWORD

甘薯（*Ipomoea batatas* Lam.）高产、稳产、适应性广，是世界第七大粮食作物，在维护粮食安全和缓解能源危机方面的重要性日益凸显。我国是世界上最大的甘薯种植国和生产国，2016年我国甘薯种植面积和总产分别占世界的38.05%和67.08%。近年来，甘薯的保健功能越来越受到重视，在促进贫困地区农民增收方面成效显著，是居民膳食结构优化和助力精准扶贫的重要选择。

甘薯生育期长，这期间常会遇到病虫害、环境异常以及施肥不足或过量、除草剂使用不当等农事操作的影响，从而导致生长异常，如烂床、黄化、空棵、糠心等现象，并最终导致产量下降、品质欠佳、商品性差、效益降低。由于种植户对这些生长异常现象的原因不了解，仅仅凭经验判断，手头又缺乏可图文对照的、针对性强的、直观性好的技术指导资料，无法当即解决或事后弥补生产中出现的异常问题，容易造成不必要的损失。

本书搜集整理了甘薯生长异常的资料和田间照片，按照育苗期、大田生长期、收获储藏期3个阶段分门别类整理了68个生长异常问题，每个问题分为表现症状、发生原因和防治措施

3个方面，并配有原色图片。其中有13个问题主要以育苗期甘薯生长异常为主，如黄苗、烤苗、霜苗等；有27个问题主要以大田生长期的生长异常为主，如缺苗断垄、茎基部开裂、植株缺素等；有11个问题以病虫害引起的生长异常为主，如叶片被取食、薯块有孔洞或针眼等；有7个问题是因田间缺素引起的，如缺磷、缺硼等；有10个问题发生在收获期和储藏期，如柴根多、黑皮、薯块皱缩等。本书力求图文并茂，文字通俗易懂，防治措施实用、可操作性强，可供基层农技推广人员、农资经销商、甘薯种植大户等参考使用。

该书主要由国家甘薯产业技术体系栽培与土肥研究室、病虫害综合防控研究室共同编写完成，栽培与土肥研究室张立明、张永春、李洪民、李育明等参与育苗期和大田生长期相关异常材料的编写，病虫害综合防控研究室张振臣、陈书龙、谢逸萍、邱思鑫等参与了病虫害引起生长异常材料的编写，遗传育种研究室的房伯平、王庆美等提供了宝贵的意见和建议，张立明研究员最后对本书进行了统一整理和审核。由于作者水平的限制，书中内容难免有一定的局限性，读者在参考应用时一定要考虑并结合当地的气候环境、生态条件和种植习惯，以免发生损失。书中的疏漏和错误之处，敬请各位读者提出宝贵意见，以便修改和完善。

编　者

2018年2月10日

目录

一、育苗期

1. 苗床烂床

表现症状：甘薯在育苗过程中，常常会出现薯块腐烂，苗床大范围不出苗的现象，俗称“烂床”。见图1-1、图1-2。

图1-1　病害导致的烂床

图1-2　低温缺氧导致的烂床

发生原因：(1) 温度过低或过高容易导致烂床，育苗期间气温和床土温度长期过低，尤其是土温连续10天以上低于10℃，种薯受冷害甚至冻害而引起腐烂，容易造成烂床；床温长期在40℃以上，易发生热伤，使种薯发软，挤压时流出清水，肉色发暗，也会造成烂床。(2) 湿度过大或缺氧容易导致烂床，排种时头尾颠倒，排种后覆土过深，浇水量过多，造成苗床湿度过大，种薯缺氧发生腐烂。(3) 病害也容易导致烂床，薯块感染甘薯茎线虫病、黑斑病、根腐病、软腐病等各种病害容易引起烂床。

预防措施：(1) 苗床严格消毒：床土应每年更换，排种前用50%多菌灵可湿性粉剂500倍液均匀喷洒苗床消毒。(2) 精选种薯：严格剔除病薯和受过冻害、涝害或破伤的种薯，健康薯块用

50%多菌灵可湿性粉剂500 ~ 600倍药液浸种3 ~ 5分钟或用50%甲基硫菌灵可湿性粉剂200 ~ 300倍药液浸种5 ~ 10分钟，浸种后立即排种。(3) 排种时薯块要分清头尾，尤其斜排法排种时头尾不能倒置，覆土要均匀一致，盖土深度保持在没过种薯2厘米左右，不宜过深。(4) 控制苗床温度：从排种到出苗，床温控制在25 ~ 35℃，不高于38℃；齐苗以后床温降到25℃左右，拔苗前2 ~ 3天，床土温度保持在20 ~ 25℃。(5) 控制苗床水分：排种后要一次性浇透水，齐苗后苗床相对湿度应保持在80%左右；保持苗床干湿交替，根据薯苗生长情况和床土墒情，小水轻浇、匀浇。

2. 苗床长白毛

表现症状：甘薯育苗过程中，有时苗床表面会出现白色霉状物，俗称“白毛”。见图2-1、图2-2。

图2-1 低温薯块腐烂产生“白毛”

图2-2 湿度过大薯块腐烂产生“白毛”

发生原因：(1) 浇水过多，通风不良，造成苗床湿度过大，种薯缺氧产生霉烂，在床土表面出现白毛。(2) 苗床长期温度过低，种薯受冷害甚至冻害造成霉烂，在床土表面出现白毛。(3) 地膜紧贴地面覆盖时间过久，造成种薯缺氧，导致薯块腐烂，在床土表面出现白毛。

预防措施：(1) 苗床浇水时，每次浇水量不宜过大，应干湿交替并注意适时通风换气。(2) 苗床排种后保持床土温度在20 ~

30℃，不能过低。(3) 排种后使用地膜覆盖时，地膜和床土之间应添加支撑物，避免地膜紧贴地面。

3. 薯苗发黄

表现症状：甘薯育苗过程中，有时薯苗颜色发黄，俗称“黄苗”。见图3-1、图3-2。

图3-1 薯块腐烂造成的“黄苗”

图3-2 病毒病造成的“黄苗”

发生原因：(1) 床土养分缺乏尤其是缺氮。(2) 薯块腐烂。(3) 感染病毒病等。

预防措施：(1) 育苗前将苗床施足底肥，薯苗生长过程中及时追肥防止脱肥。(2) 排种时严格禁止带病种薯和受过冻害、涝害、破伤的种薯上床。(3) 加强苗床温度和水分管理，防止薯块腐烂。

4. 薯苗卷叶

表现症状：甘薯育苗过程中，苗床薯苗发生向上或者向下的卷曲，俗称“卷叶”。见图4-1、图4-2。

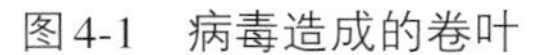

图4-1　病毒造成的卷叶

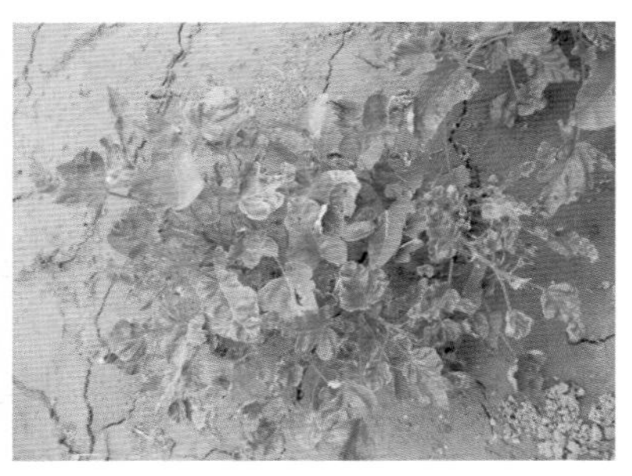

图4-2　除草剂药害造成的卷叶

发生原因：(1) 床土养分缺乏，尤其是缺氮。(2) 薯块腐烂。(3) 感染病毒病。上述情况均可使苗床薯苗生长失去充分的营养补给，而造成薯苗发黄。

预防措施：(1) 使用不带病毒病的健康种薯育苗，并加强对蚜虫、白粉虱等病毒传播媒介的防治。(2) 使用除草剂时，苗床高温高湿容易发生药害，应先做小面积试验，筛选合适的药剂种类和剂量，避免药害。

5. 薯苗丛生、矮化，叶片畸形扭曲，叶脉褪绿

表现症状：甘薯育苗过程中，有时苗床薯苗会出现丛生、矮化，叶片畸形扭曲，叶脉褪绿。见图5-1、图5-2。

图5-1　SPVD造成的叶片黄化、畸形

图5-2　SPVD造成的叶片丛生、畸形

发生原因：(1) 植株感染病毒：植株感染甘薯卷叶病毒后会造成叶片皱缩、扭曲、叶脉呈网状透明状等。甘薯病毒病（SPVD）是甘薯上的一种毁灭性病害，对甘薯产量影响极大，一般可减产57%～98%，甚至绝收。2010年在我国甘薯上首先发现该病害，目前我国各薯区均有不同程度发生。病原是甘薯褪绿矮化病毒（SPCSV）和甘薯羽状斑驳病毒（SPFMV），前者的传播介体昆虫是烟粉虱，后者的传播介体昆虫是蚜虫，由二者复合侵染，在苗期发病可表现为薯苗栽插后根系生长不良、茎蔓生长缓慢，病毒苗的基部分枝在栽后30天时多于脱毒苗和常规苗，之后基部分枝增加较快，但分枝生长速度慢，叶片伸展慢，从而造成甘薯植株矮化、丛生。(2) 除草剂产生的药害：在使用除草剂时，由于施用时喷施到叶片上或施药浓度过大，导致叶片受除草剂危害，叶片发黄、皱缩等。(3) 薯苗、薯块带毒进行远距离传播：经由机械或蚜虫、烟粉虱及嫁接等途径传播。其发生和流行程度取决于种薯、种苗带毒率和各种传毒介体种群数量、活力、其传毒效能及甘薯品种的抗性，此外还与土壤、耕作制度、栽植期有关。

预防措施：(1) 加强检疫，严禁从病区引进种薯种苗。(2) 种植脱毒甘薯品种，注意应从正规单位引种，使用不带病毒的健康种薯育苗。(3) 及时清除苗床病株及薯块，减少毒源。(4) 加强对可传播病毒病的蚜虫、白粉虱的防治，可用3%啶虫脒1 000倍液或10%吡虫啉2 000 ～ 3 000倍液进行防治。（5）注意除草剂适宜施用浓度和方法，不要在大风天打药，以免将药剂残留到叶片上造成药害，同时可喷洒适当浓度的赤霉素、芸薹素等调节剂缓解药害程度。

6. 烤苗

表现症状：甘薯育苗过程中，育苗棚内薯苗出现茎叶焦枯灼伤，叶片颜色变黄、变褐甚至变黑现象，俗称“烤苗”。见图6-1、图6-2。

发生原因：（1）苗床通风过急。（2）苗床气温过高，通风不及时。（3）薯苗接触塑料薄膜。

预防措施：（1）幼苗出齐后，当棚内气温超过35℃时，要及时通风降温，防止高温灼伤。（2）通风口要逐步扩大，不能一次性全部敞开薄膜。（3）及时检查棚膜边缘，防止薯苗接触薄膜被高温灼伤。（4）在薯苗长到一定高度时，及时掀开塑料薄膜，防止薯苗在午后高温时段遭遇烤苗。

图6-1　薯苗高温灼伤（轻度）

图6-2　苗床高温灼伤（重度）

7. 霜苗

表现症状：甘薯育苗过程中，出现叶片发软、进而变黑、变枯现象，俗称“霜苗”。见图7-1、图7-2。

图7-1 “霜苗”发生初期

图7-2 “霜苗”发生后期

发生原因：薯苗生长过程中，棚内气温低于3℃，导致薯苗受到霜冻危害，如果长期低于15℃，则易发生薯块腐烂。

预防措施：春季气温变化较大，要随时关注天气变化，适时加强保温措施，避免棚内气温低于20℃。甘薯出苗后，要通过加盖草苫子和塑料薄膜保证棚内温度，避免棚内温度低于3℃。

8. 薯苗叶片萎蔫

表现症状：甘薯育苗过程中，苗床薯苗出现叶片萎蔫、失水现象。见图8-1、图8-2。

图8-1　苗床缺水造成的萎蔫

图8-2　通风过急造成的萎蔫

发生原因：(1) 苗床干旱缺水。(2) 棚内气温过高，通风口过大过急。

预防措施：(1) 加强苗床水分管理，适时浇水，保持床土相对含水量在80%左右。(2) 薯苗出齐后要根据棚内温度和幼苗生长状况适时通风降温，并注意从上午9点以后逐步扩大通风口。

9. 薯苗长气生根

表现症状：薯苗变细、节间变长，且节上长出数量不等、白色的不定根，俗称“气生根”。见图9-1、图9-2。

图9-1　密度过大导致的气生根

图9-2　棚内通风不良导致的气生根

发生原因：(1) 单位面积排种量过多，出苗后植株间拥挤郁闭，通风不良，相互遮阴造成高温高湿的苗床小气候，如每平方米排种35千克比排种25千克，薯苗气生根可增加30%。(2) 出苗后育苗棚内温度高、湿度大，通风不良，薯苗节间变长，节上根原基大量发育成气生根，棚内温度保持22 ~ 25℃比30℃时发生气生根的株数降低约75%。

预防措施：减少气生根，关键是要加强苗床管理，注意“两严一增”。(1) 严控排种密度：萌芽性好的品种适当稀排，保持种薯间距在2厘米以上。萌芽性差的品种适当密排，种薯间不留间隙，一般每平方米排种26 ~ 30千克。(2) 严控棚内温湿度：出苗前温度控制在32 ~ 35℃，出苗后温度控制在22 ~ 25℃，齐苗后温度控制在20 ~ 23℃。适时通风换气，苗床湿度控制在75% ~ 80%，炼苗初期温度控制在20℃左右。(3) 增加苗床通风设施：种薯分畦育苗，增加苗床通风隔断；增加薯苗顶部空间；育苗棚两侧设置可卷可放的通风帘，顶部设置排气孔。

10. 薯苗萌芽出土不整齐

表现症状：甘薯育苗过程中经常发生头茬苗出苗不整齐、大小不一、薯苗忽高忽低或忽多忽少、出苗时间差别很大的现象，对薯苗质量影响较大，影响剪苗。见图10-1、图10-2。

图10-1 浇水不匀造成出苗不齐

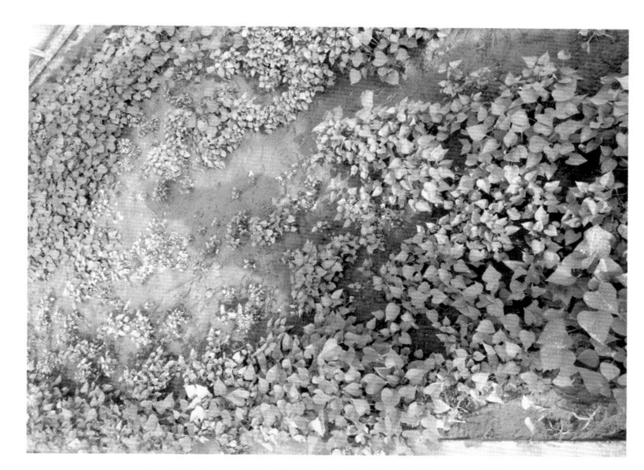

图10-2 排种质量差造成出苗不齐

发生原因：导致种薯出苗不整齐的原因很多，可能的原因：(1) 盖土深度不一致。(2) 排种时薯块头尾倒置或薯块大小不匀。(3) 苗床水分管理过程中浇水不均匀。(4) 种薯原因：品种不同、产地不同、栽插期不同均对萌芽性产生很大影响，例如春夏薯混杂在一起育苗时常导致出苗不齐。(5) 种薯腐烂。

预防措施：(1) 提高育苗质量，使选种、排种、覆土、水分、温度等环节操作尽量做到标准化，排种时要精选健康种薯，保证薯块头尾方向一致，大小薯分开排种，保证上齐下不齐；覆土要一致，不能过深或过浅；苗床要保证浇水均匀，防止因干旱导致出苗延迟，或者因涝渍导致烂床。(2) 对于来源不同、类型不同、大小不同的种薯要进行单独育苗，以方便进行标准化管理。(3) 在苗床管理过程中，要保证温度和湿度适宜，以保证薯苗的健壮生长；浇水时要浇匀、浇透，防止因干旱导致出苗延迟，或者因涝渍导致烂床。

11. 小老苗

表现症状：甘薯苗床中后期，薯苗变细，变弱，茎的中下部老化变硬，俗称“小老苗”，栽插后容易死苗。见图11-1、图11-2。

图11-1 剪大留小产生的“小老苗”

图11-2 管理不当造成的薯苗细弱

发生原因：(1) 苗床后期缺肥、缺水引起薯苗生长缓慢。(2) 薯块老化、腐烂导致薯苗发育迟缓。(3) 前三茬采苗时剪大留弱，多次滞留的小苗，生长力变弱，发育迟缓，最终形成“小老苗”。

预防措施：(1) 根据甘薯苗床长势，观察薯苗叶片的颜色，及时进行速效肥追施。(2) 育苗时一定要选择健壮的薯块，防止带病薯块进入苗床，以免发生薯块老化和腐烂等导致的薯苗后期发育迟缓。

(3) 加强苗床通风，采用高剪苗方式采苗，及时清除前茬剩余细弱苗，避免前茬剩余苗子滞留苗床，消耗养分，影响后期苗床苗的生长。

12. 薯苗黑根

表现症状：从薯块上拔下的薯苗，根部白色部分出现纵向的黑斑，俗称“黑根”。见图12-1。

发生原因：黑根主要是由子囊菌亚门核菌纲球壳菌目长喙壳科长喙壳菌属病菌引起的甘薯黑斑病。

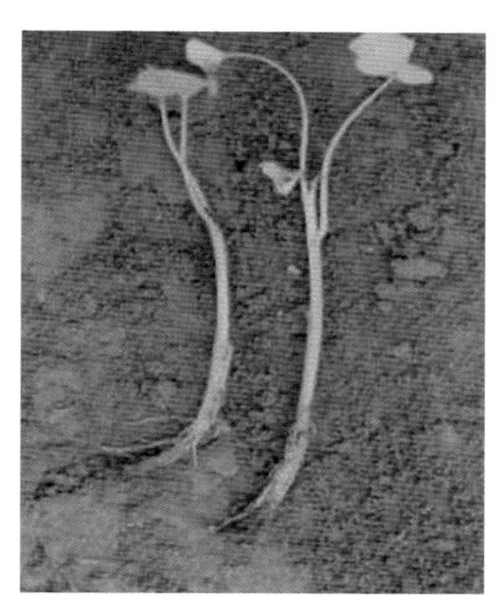

图12-1 黑斑病造成的黑根

预防措施：(1) 农业防治主要是选用抗病品种、铲除和堵塞菌源、建立无病留种田、采用温水浸种、高温育苗培育无病壮苗，推广高剪苗技术等。(2) 药剂防治主要是采用50%多菌灵粉剂500倍液浸种3 ～ 5分钟后排种，或栽前将种苗捆成小把，用70%甲基硫菌灵可湿性粉剂800 ～ 1 000倍液浸苗基部15分钟。

13. 薯苗拐头腐烂发黑

表现症状：一般先从茎基部发黑软腐，然后自下而上变黑软腐，早期发病的可至整株植株腐烂死亡，中后期发病的植株拐头黑腐植株仍可生长。根茎发病维管束组织有明显的黑色条纹、髓部消失成空腔，薯块发病可造成整薯腐烂，有恶臭味。早期发病的多数是整株枯死，到中后期发病可仅造成1 ～ 2 个枝条枯死。收获时病株及某些地上部无症状的植株，其拐头腐烂呈纤维状，薯块变黑软腐。见图13-1、图13-2、图13-3、图13-4。

发生原因：是由狄基氏菌引起的一种细菌性软腐病，该病现在我国南北薯区均有发生，又称甘薯细菌性软腐病、甘薯细菌性茎根腐病、甘薯茎腐病等。该病一般田间为零星发生，但若种苗被染污，带菌苗种植后田间湿度较大则可能造成严重流行。5 ~ 10月均可发病，以7 ~ 9月高温高湿季节发生较重。高湿有利于病害发生，在低洼潮湿及易积水的田块或地段,发病率较高。土壤过湿和多雨气候有利病害发生流行，甘薯栽种时遇过程性降雨,有利病原细菌侵入，表现前期发病早、流行快。中耕除草期多雨，则会造成甘薯膨大期病害再次流行,病株率高。高温有利于病害的发生流行，高温季节种植的甘薯病害始见于活棵期，如雨量大则会造成病害流行。台风引起近土表茎基部摆动摩伤或枝条折断，造成大量伤口促进病原菌侵入发病。

图13-1　苗期发病整株坏死

图13-2　蔓期发病整株坏死

图13-3　地下部发病植株

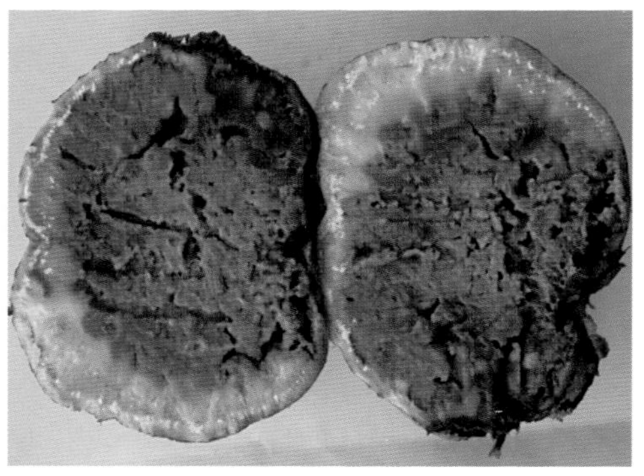

图13-4　发病薯块横切

预防措施：(1) 加强检疫，截住病源，控制疫区，严防病害随引种、调苗时向无病区传播蔓延。(2) 培育健康种苗，选择排灌方便、土质肥沃、避风的田块建立无病育苗床，培育健苗。(3) 降低薯块、薯苗伤口，规范在所有农事操作，避免形成不必要的伤口。(4) 强化安全剪苗，选择晴朗天气剪苗，不剪爬地薯苗，避免用水浸或洗苗。(5) 加强水肥管理，采用高畦种植，雨后及时排水，降低土壤湿度，多施磷钾肥或专用复合肥。(6) 合理轮作，有条件的地方可进行水旱轮作，或与非寄主作物（如禾本科作物）进行3年以上的轮作。(7) 药剂防治，可选用46%可杀得叁千1 000倍液、86.2%铜大师1 000倍液、50%美派安500倍液、20%龙克菌500倍液等药液进行浸苗处理，结合中心病株始见后喷药处理。

二、大田生长期

14. 薯苗缺苗断垄

表现症状：甘薯移栽后，因管理不当、病虫等原因，大田出现死苗、缺苗，导致苗不全，苗不齐现象，俗称“缺苗断垄”。见图14-1、图14-2。

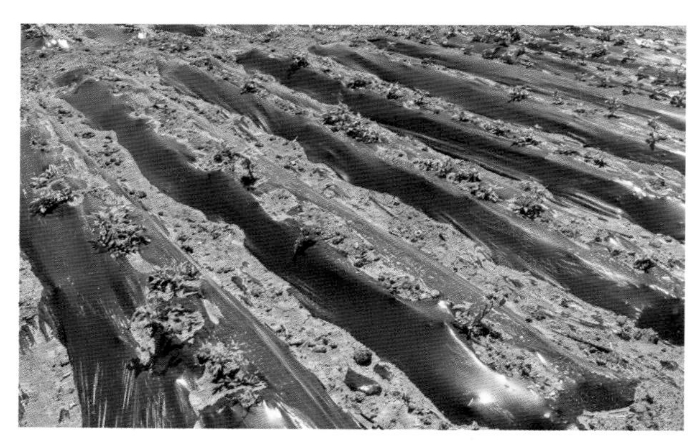

图14-1　大田缺苗断垄

图14-2　大田植株发育不良

发生原因：造成大田缺苗断垄的原因比较多，可能的原因：(1) 浇水不足、窝土封闭不严实引起死苗。(2) 地下害虫咬食导致缺苗。(3) 薯苗质量差，炼苗时间短，薯苗幼嫩，栽插后成活率低，导致缺苗。(4) 薯苗感染根腐病、黑斑病、茎线虫病等病害导致死苗。(5) 栽插时遇到高温干旱的天气导致死苗。(6) 移栽后遭遇大风天气，导致薯苗被刮断或者严重失水而死苗。(7) 除草剂等药害导致薯苗受伤甚至死亡。

预防措施：(1) 移栽时选取均匀一致，炼苗时间充足，不带病害的健壮薯苗。(2) 大田移栽前，对薯苗进行药剂处理，一般采用500倍的甲基硫菌灵或者多菌灵进行浸苗防治黑斑病，用50%的辛硫磷300倍浸苗防治茎线虫病。(3) 移栽时，穴施3%辛硫磷颗粒剂6～8千克/亩*，以防治地下害虫。(4) 移栽时浇足窝水，封严窝土，使土包围薯苗基部，留顶部三叶，将其余叶片一并埋入土中，防治午后高温烙伤叶片。(5) 移栽时尽量选择温度适宜，没有大风的天气，避开低温霜冻，夏薯尽量下午2点后栽插。(6) 使用防治病害和虫害的蘸根药剂时，要注意防止药害发生。(7) 有水浇条件的地块，可根据移栽后的长势，进行适当的水分管理，保证齐苗。(8) 施用除草剂时要防治药剂落在叶片上，以免引起除草剂要害，导致薯苗发育迟缓。

15. 薯苗移栽后死苗

表现症状：薯苗生长缓慢，叶片从边缘开始枯死，慢慢整株薯苗死亡，插入地下的部分发黑、枯死，新根少甚至没有（图15-1）。

发生原因：垄顶开沟施肥时，若开沟较浅、施肥量较大，薯苗直接接触到肥料，出现局部肥料浓度过高，造成烧苗，导致薯苗死亡。另外，不小心购买到假冒伪劣肥料时，部分肥料中含有的有毒有害物质，如三氯乙酸、三氯乙醛，既使用量较低也会造成烧苗导

* 亩为非法定计量单位，1亩≈667米^2。余同。——编者注

致薯苗死亡。

预防措施：(1) 控制肥料用量，尤其是在垄顶开沟施肥时要注意施肥用量及开沟深度，减少薯苗与肥料的直接接触。(2) 购买正规厂家的肥料，加强对假冒伪劣肥料的甄别，防止购买和施用假冒伪劣肥料。

图15-1 田间死苗

16. 覆膜栽培“烤苗”

表现症状：大田地膜覆盖栽培，因措施不当，甘薯苗出现叶片烫伤、变黑，严重时全株焦黑死亡，通常称之为“烤苗”。见图16-1、图16-2。

发生原因：(1) 膜口封土不严，热气自地膜口向上蒸发，烫伤薯苗。(2) 薯苗与地膜密切接触，中午高温时段，地膜表面温度高，烫伤薯苗。(3) 栽插时浇窝水量不足，不能满足薯苗成活需求。

预防措施：(1) 栽插时，一定要浇足窝水。(2) 封好窝土，窝水下渗后将薯苗周围和膜口用土封严，避免植株贴到薄膜上。(3) 高温天气，要避免高温时段进行田间栽插，尽量选择下午2点以后进行栽插，尤其是夏薯栽插时要特别注意。

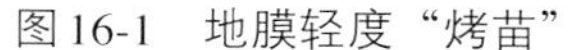

图16-1 地膜轻度“烤苗”

图16-2 地膜重度“烤苗”死亡

17. 早春“霜苗”

表现症状：北方薯区早春栽插的甘薯，尤其是4月初栽插，极容易在田间出现“霜苗”现象，主要表现为薯苗叶片枯黑、萎蔫，“霜苗”较轻时，枯苗主茎芽腋处能够重新长出新叶，对后期生长发育和产量影响较轻。“霜苗”严重时薯苗枯死，大面积发生时则需要重新移栽（图17-1）。

图17-1 甘薯霜打苗

发生原因：导致“霜苗”出现的主要原因是北方薯区早春气温不稳定，受北方强冷空气南下影响，短期内近地面气温骤然降低至5℃以下时，早栽的甘薯苗容易被霜冻。

预防措施：(1) 适当延后薯苗栽插时间，当最低气温稳定在10℃以上时移栽大田比较稳妥。抢早栽插者，可以通过地膜和小拱棚的双重配合使用预防霜冻发生。(2) 熏烟提温，对于早栽的露地甘薯，在霜冻来临时，在田间燃烧杂草、残枝落叶或发烟无毒的化学药剂，使地面笼罩一层烟幕，防止地面热量散失，一般能使近地面层空气温度升高1～2℃，能一定程度上减少霜冻的危害。(3) 如果冻害不太严重，可以通过喷施碧护、云大-120等调节剂快速缓解冻害。

18. 薯苗移栽成活后茎基部折断

表现症状：薯苗移栽到大田后，生长发育正常，长出新叶和新根，但随后出现茎基部折断现象，对薯苗生长发育和产量造成一定影响。见图18-1、图18-2。

图18-1　地老虎导致的断苗

图18-2　强风导致的断苗

发生原因：(1) 虫害：主要是地老虎的危害，尤其是针对长势旺盛的壮苗，从地表处咬断。(2) 强风危害：薯苗移栽时露出地面部分较长，成活后前期遇到强风，薯苗从地表处倒伏，主茎受到伤害后形成弱小老苗，结薯少且小甚至空棵。在移栽成活后的20天之内，如果遇到强风，薯苗会从地表处倒伏，虽然薯苗还连在一起，但是内部的输导组织和支撑组织都受到伤害，即使薯苗不死亡，也会造成生长弱、小老苗、结薯少且小、甚至空棵等问题存在，直接影响产量的提高。

预防措施：(1) 物理诱杀：采用黑光灯或糖醋液诱杀成虫，糖醋液配方为糖6份、醋3份、白酒1份、水10份，在糖醋液中加适量杀虫剂，盛于盆中，于近黄昏时放于地中。(2) 化学防治：在甘薯栽植时穴施3%辛硫磷颗粒剂6 ～ 8千克/亩。在地老虎低龄幼虫期，选择傍晚，采用50%辛硫磷乳油1 000倍液喷浇根际附近的土壤。(3) 栽插时选用粗壮的健康薯苗，提高栽插质量，浇足窝水，露出地表3片展开叶，多余母叶埋入土中，既可有效防止强风影响，又能增加薯苗的抗旱能力，提高成活率。

19. 薯苗根部发黑，叶片变黄脱落

表现症状：甘薯大田栽种活苗后，30天左右出现植株停止生长，叶片变黄，或者下部叶片不断变黄脱落，有的整株死亡，拔出发现须根中部或根尖出现赤褐色至黑褐色病斑，病部以下的根段变黑腐烂，地下茎产生黑色病斑，病部多数表皮纵裂，皮下组织发黑疏松。后期植株不结薯或结畸形薯，而且薯块小，毛根多。发病地块轻者减产10%～20%，重者可达40%～50%，甚至绝收。见图19-1、图19-2。

图19-1 感染根腐病植株

图19-2 感染根腐病薯块

发生原因：由半知菌亚门镰刀菌属腐皮镰孢甘薯专化型引起的甘薯根腐病，是一种典型的土传病害，病菌自甘薯根尖侵入，逐渐向上蔓延至根、茎。连作年限长，肥力低、保水能力差的沙质土壤

易发生。

预防措施：根腐病无有效防治药剂，生产上防治该病害的主要措施：(1) 选用抗病品种是最经济有效的措施。(2) 培育壮苗，适时早栽，加强田间管理，病田中的残体应集中烧毁，减少田间菌量。(3) 增施净肥和复合肥，尤其是增施磷肥，提高土壤肥力，增强甘薯的抗病力。

20. 薯叶扭曲、畸形、叶脉褪绿及植株严重矮化

表现症状：甘薯大田植株表现叶片扭曲、畸形、叶脉褪绿以及植株严重矮化等。见图20-1。

图20-1　大田SPVD病毒病症状

发生原因：是甘薯复合病毒病（SPVD），发病原因同苗床甘薯病毒病。

预防措施：(1) 从苗床选择不带病毒病典型症状的健康植株移栽到大田。(2) 经常检查大田，发现病株要及早拔出，减少毒源。(3) 留种田周围不要种植非脱毒甘薯品种。

21. 甘薯叶缘上卷

主要症状：甘薯叶缘向上、向内卷叶，干旱时表现尤其严重，随

着气温升高和降水量增多叶片卷曲减轻甚至完全恢复，见图21-1。

图21-1　甘薯卷叶病毒病

发生原因：上卷一般是甘薯感染双生病毒引起。甘薯双生病毒病是甘薯上常见的病毒病，可使甘薯减产11%～86%，对甘薯危害较大。该病毒可通过种薯种苗进行长距离传播，也可通过烟粉虱进行短距离传播。

预防措施：（1）选种脱毒甘薯品种或耐病品种。（2）及时清除苗床和田间病株残体和杂草，减少病源和虫源。（3）防治烟粉虱：苗床和田间悬挂黄板，悬挂的高度要在植物生长点上方5～10厘米，每亩地悬挂30厘米×40厘米黄板25～30块；或用3%啶虫脒1 000倍液、10%吡虫啉2 000～3 000倍液进行喷雾防治。

22. 甘薯叶片出现紫斑、紫环斑和紫色羽状斑

主要症状：大田甘薯叶片上出现紫斑、紫环斑和紫色羽状斑，生长中后期和老叶上发生尤其严重。见图22-1、图22-2。

发生原因：一般是甘薯感染病毒引起的，大部分是由马铃薯Y病毒属（*Potyvirus*）病毒侵染引起的。在我国甘薯上*Potyvirus*病毒普遍存在，常见的*Potyvirus*病毒有甘薯羽状斑驳病毒（SPFMV）、甘薯病毒C（SPVC）、甘薯潜隐病毒（SPLV）、甘薯G病毒（SPVG）和甘薯病毒2号（SPV2）等。除一些特别感病的品种外，一般情况下，甘薯感染单一的*Potyvirus*病毒对产量影响不大，但同时感染多种*Potyvirus*病毒时，产量损失可达10%以上。*Potyvirus*病毒与甘薯

褪绿矮化病毒（SPCSV）共同侵染甘薯时则会引起严重的产量损失。

预防措施：（1）种植脱毒甘薯品种，注意应从正规单位引种。（2）选择生茬地作为繁种田，繁种田周围禁止种植空心菜、菠菜等蔬菜。（3）清除田间和大田周围的旋花科和藜科等杂草，以减少毒源。（4）利用黄板对蚜虫和粉虱进行诱杀；当蚜虫和粉虱大量发生时，可用10%吡虫啉可湿性粉剂2 500倍液喷雾防治。

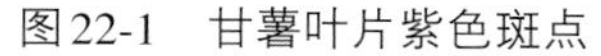
图22-1　甘薯叶片紫色斑点

图22-2　甘薯叶片紫色环斑

23. 甘薯茎叶“疯长”

表现症状：大田甘薯生长进入中期后，茎叶出现“疯长”，主要表现在前三节茎部节间显著拉长，顶部嫩梢翘起，茎叶生长点朝上，垄沟不清晰，人站在垄沟内茎叶过膝。茎叶“疯长”易导致块根产量下降严重，甚至绝产。见图23-1、图23-2。

发生原因：（1）土壤肥力过高，尤其是氮肥过高，当土壤速效氮含量超过0.8毫克/克时容易出现疯长。（2）高温、高湿，土壤积水。（3）林下种植或者与高秆作物间作时，光照不足。（4）栽插密度过大。（5）品种特性，有些品种尤其是紫薯品种，如川山紫、济薯18等品种，地上部极易生长过旺。

预防措施：（1）合理施肥：可根据土壤基础肥力进行测土配方施肥，当土壤速效氮含量超过0.6毫克/克时，停止使用氮肥，增施钾肥和有机肥，在甘薯生长中后期用0.3%的磷酸二氢钾溶液均匀喷布叶片，连喷两次，间隔期为7 ～ 10天，促进薯块的膨大。（2）

平原肥地尽量起高垄、大垄：垄高在25厘米以上，垄宽在90厘米以上。(3) 适期化控：薯苗栽插后第40 ～ 50天，秧蔓长度在40厘米左右时，亩用5%的烯效唑可湿性粉剂120克左右兑水30千克均匀喷雾叶片，根据茎叶生长速度，间隔7 ～ 10天喷洒1次。(4) 选用地上部生长不旺盛的能满足需要的甘薯品种。

图23-1　茎叶疯长大田

图23-2　茎叶疯长单株

24. 甘薯藤上生根

表现症状：大田甘薯生长中后期，高肥水地块茎叶生长旺盛的品种，甘薯藤上会出现很多不定根扎入土壤，这些不定根的产生，如果任其生长，不定根会结小薯，不仅影响茎叶光合产物向块根转运，而且增加收获难度，见图24-1。

图24-1 甘薯不定根扎根

发生原因：（1）与品种特性有关，甘薯生殖方式是营养生殖，能通过根、茎和叶繁殖后代，当薯蔓与土壤接触紧密，遇到合适的水分和温度，叶腋部分就会生长出不定根，这是甘薯的生长习性，对甘薯的后代繁育是有利的，但是在生产上对提高产量不利。（2）土壤湿度过大，通风不良。

预防措施：（1）控制土壤氮肥用量，增施钾肥和有机肥，及时排除田间积水，控制地上部茎叶发生疯长。（2）在薯蔓长出不定根前喷施合适浓度的植物生长调节剂抑制地上部生长，避免旺长。（3）如果薯藤已出现“扎根”，可采取提蔓方式扯断不定根，再放回原处。

25. 甘薯茎爆管露出纤维状

表现症状：先发现叶片开始发黄，之后茎基部膨大，纵向开裂、纤维状、黑褐色，剖视近开裂处的茎可见维管束呈黄褐色，植株叶片自下而上逐渐黄化凋萎脱落，严重者最后全株干枯死亡。气候潮湿时在病状开裂处可见由病菌菌丝体和分生孢子组成的粉红色霉状物。薯块发病蒂部呈腐烂状，横切可见维管束呈褐色斑点。见图25-1，图25-2。

发生原因：是由镰刀菌引起的一种危害甘薯藤蔓和薯块的真菌病害——甘薯瘟割病，又名甘薯镰刀菌枯萎病、甘薯爆管病、甘薯蔓枯病、甘薯萎蔫病、甘薯茎腐病等。带病种薯、种苗是引起苗地和大田发病的侵染源之一，也是该病远距离传播的主要途径，用病薯育苗发病率为1.9%～11.0%。当旬温≥20℃时可见病害开始发生，随气温升高发病加重，≥27℃时病害发生率上升很快。福建省6～9月基本上能满足病害流行的温度要求，流行与否取决于雨量大小，雨后病害剧增，盛夏和秋季大雨是造成该病流行的主要因素。甘薯扦插返苗期，凡遇阴雨者发病重。一般栽后15～20天出现枯萎死苗高峰，破畦施夹边肥后沟灌易导致病情再次回升，生长中后期遇多次降雨，病害有继续蔓延趋势。

图25-1　茎部开裂

图25-2　维管束变色

预防措施：(1) 选用抗病良种：选育和推广抗病品种是防治该病最经济有效的措施，建议生产上选用湘农黄皮、金山57、广薯87、福宁紫3号、泉薯10号、福薯8号、福薯16号、岩薯5号等抗病良种。(2) 培育健康种苗：选择排灌方便、土壤肥沃、光照良好的无病田块作为育苗床，结合无病的种薯培育健康种苗。(3) 加强管理：严格控制病区带菌种薯、种苗调运；加强田间水分管理，及时排灌；田间发现病株，尽量拔除销毁。(4) 实行轮作：有条件地区实行水旱轮作，重病地可与水稻、大豆、玉米等轮作三年以上。(5) 药剂防治：可选用苯醚甲环唑、多菌灵等浸苗或喷施。种薯育苗前用25%苯菌灵悬浮剂 100～200倍液处理 1 分钟；或在育苗和大田扦插时，薯苗用70%甲基硫菌灵可湿性粉剂700倍液或50%多菌灵500倍液浸种、浸苗10分钟。必要时喷淋或浇灌2%的春雷霉素2 000～3 000倍液、37%多菌灵草酸盐（枯萎立克）可溶性粉剂 400倍液、12.5%增效多菌灵浓可溶剂300倍液、3%甲霜·恶霉灵水剂800倍液。

26. 甘薯生长后期早衰

表现症状：甘薯生长中后期，根系的吸收能力减弱，有些地块的甘薯茎叶较正常生长的大田提前出现发黄、落叶、枯死现象，俗称“早衰”。见图26-1、图26-2。

图26-1 轻度早衰大田

图26-2 重度早衰大田

发生原因：(1) 土壤贫瘠脱肥、干旱：土壤贫瘠、底肥不足，或者土质过沙保水保肥能力差，干旱少雨，土壤相对水分含量降至60%以下时，影响根系吸收养分，导致地上部茎叶生长受阻，易发生早衰。(2) 病虫害严重：茎线虫病、黑斑病、根腐病、蔓割病，以及夜蛾、飞虱、蚜虫等危害，作物自身的修复养分不够，造成早衰。

预防措施：(1) 土壤相对贫瘠的地块应施足底肥，生长中后期若出现脱肥状态可叶面喷施速效叶面肥和磷酸二氢钾防止早衰。(2) 中后期干旱严重出现早衰迹象时，应及时灌溉。(3) 如果有水肥一体化条件，可适当灌溉，在灌溉时每亩施尿素2～3千克、磷酸二氢钾3～5千克。(4) 加强病害和食叶害虫的防治，在栽插前用多菌灵等浸苗防病、用辛硫磷等施入土壤防虫，并及时用高效菊酯类或其他药剂叶面喷施防治甘薯夜蛾、飞虱等食叶害虫。(5) 使用生育后期不早衰的抗病甘薯品种。

27. 甘薯生长后期叶片彩色

表现症状：生长后期甘薯叶片由绿色变成黄色、紫色等。见图27-1、图27-2。

图27-1　控旺剂施用过量导致茎叶变色

图27-2 低温导致大田茎叶变色

发生原因：(1) 甘薯生长后期遭遇低温，使得叶片叶绿素降解，形成花青素，造成叶片失绿变黄发紫。(2) 喷施控旺剂浓度过大或喷施不均匀，对叶片叶绿素合成等产生不利影响，造成叶片绿色变淡发紫。(3) 大田磷素缺乏或者施磷量不足，引起甘薯植株缺磷，造成老叶出现紫色、红色等。

预防措施：(1) 均匀喷施控旺药剂，浓度和亩用量不宜过大。(2) 平衡施肥，当植株因养分缺乏叶片出现不正常变色时，需及时补充养分。(3) 气温下降导致的茎叶颜色变化属于生理性正常反应。

28. 甘薯淹水后发黄

表现症状：在夏季连续大量降雨后，如果排水不畅，会造成甘薯整体发黄、生长迟缓，严重时会造成薯苗死亡，根系发黑、新根少（图28-1）。

发生原因：淹水后土壤中缺氧，根系活力下降，对营养元素吸收能力减弱，造成综合性的生长迟缓及营养元素缺乏。

预防措施：及时松土，补充氧气，增强根系活力，同时通过喷施叶面肥，补充根外营养，使植株尽快恢复光合作用，促进植株的整体正常生长。

图28-1　淹水引起的植株生长异常

29. 甘薯植株青枯状萎蔫

表现症状：晴天，尤其在阳光照射下，植株凋萎较明显（青枯，图29-1），早晚或阴雨天凋萎不明显；纵剖茎蔓，可见维管束由下而上变黄褐色（图29-2），甘薯茎基部呈水渍状，后逐渐变黄褐色至黑褐色，严重的青枯死亡（图29-3）；根黑烂，易脱皮，后期薯块腐烂，有苦臭味（图29-4）。

发生原因：是由茄科雷尔氏菌引起的甘薯土传细菌性维管束病害，俗称薯瘟病，也叫甘薯青枯病、甘薯细菌性枯萎病。从育苗期到结薯期均能发生，在20 ～ 40℃的范围内甘薯瘟病菌都能繁殖侵染发病，以27 ～ 32℃和相对湿度80%以上生长繁衍最快，危害也最重。南方各薯区6 ～ 9月的高温高湿条件下是发病盛期。此期如遇降雨或台风暴雨，常出现发病高峰。

防治措施：(1) 加强检疫：严禁病区的病薯、病苗等上市出售或出境传入无病区，防止扩大蔓延；不用病区牲畜的粪便作为甘薯肥料，以防止病害传播。(2) 选用抗病良种：可推广应用抗病性强的华北48、新汕头、豆沙薯、湘薯75-55、金山57等品种。(3) 培育无病壮苗：提倡用秋薯留种，以提高品种种性，防止退化。用净种、净土、净肥培育出无病壮苗，增强抗病力。(4) 合理轮作：有条件的地方建议实行水旱轮作，或与小麦、玉米、高粱、大豆等作物轮作，是防治此病的重要措施，但应避免与马铃薯、烟草、番茄等轮作。(5) 清洁田园：病薯、病残体带有大量病菌，收获时应清除病残体并集中无害化处理，以免病菌重复感染。(6) 化学防治：每亩基施75 ~ 100千克石灰氮消毒土壤、调节土壤酸碱度；在发病初期用硫酸链霉素、农用硫酸链霉素及噻森铜等铜制剂进行灌根处理；有条件的情况下，可采用氯化苦或棉隆等土壤熏蒸剂处理种薯基质，减少种薯带菌率。

图29-1　藤蔓青枯

图29-2　维管束变色

图29-3　茎基部腐烂

图29-4　薯块腐烂

30. 甘薯茎基部开裂

表现症状：初期叶片开始发黄，之后茎基部膨大，纵向开裂、纤维状、黑褐色，剖视近开裂处的茎可见维管束呈黄褐色（图30-1），植株叶片自下而上逐渐黄化凋萎脱落，严重者全株干枯死亡（图30-2）。气候潮湿时在病状开裂处可见由病菌菌丝体和分生孢子组成的粉红色霉状物。薯块发病蒂部呈腐烂状，横切可见维管束呈褐色斑点。

图30-1　茎部开裂

图30-2　田间植株发病症状

发生原因：由镰刀菌引起的甘薯蕴割病，又名甘薯镰刀菌枯萎病、甘薯爆管病、甘薯蔓枯病、甘薯萎蔫病、甘薯茎腐病等，危害症状为苗期发病，主茎基部叶片先发黄变质，茎蔓受害，茎基部膨大，纵向破裂，暴露髓部，裂开部位呈纤维状。带病种薯、种苗是引起苗地和大田发病的侵染源之一，长江流域和南方薯区多发，盛夏和秋季大雨是造成该病流行的主要因素。甘薯扦插返苗期，凡遇阴雨者发病重。一般栽后15 ～ 20天出现枯萎死苗高峰，破畦施夹边肥后沟灌易导致病情再次回升，生长中后期遇多次降雨，病害有继续蔓延趋势。

防治措施：(1) 生产上推广种植抗蔓割病的甘薯品种是防治该病最经济有效的措施，如金山57、广薯87、泉薯10号等。(2) 选育无病种薯，培育健康种苗。(3) 加强检疫，防止病区带菌种薯、种苗调运，田间发现病株，尽量拔除销毁。(4) 有条件地区实行水旱轮作，重病地可与水稻、大豆、玉米等轮作3年以上。(5) 药剂防治，种薯种苗处理可参考第71页甘薯黑斑病的防治。

31. 甘薯茎基部变色、空心

表现症状：甘薯植株基部颜色变暗、变褐，但不开裂，茎剖开后出现干腐、空心。见图31-1、图31-2。

图31-1　茎部变色空心

图31-2　茎部干腐

发生原因：主要为甘薯茎线虫病危害所致。前期茎线虫主要危害幼苗基部的白色部分，并出现污绿色的斑驳，髓部往往呈褐色干腐状，生长中后期，在近地表的茎蔓基部常出现褐色龟裂斑，茎蔓髓部出现白色干腐到褐色干腐，进而变为糠心状。

防治措施：(1) 选用抗病品种，禁止从病区调薯种、薯苗。(2) 选用无病种薯，无病土育苗。(3) 栽植前薯苗用多菌灵等药剂浸苗。(4) 重病地块实行3年以上轮作。(5) 化学防治同第70页甘薯茎线虫病防治。(6) 发现病株及时拔除，集中烧毁或深埋。

32. 甘薯茎叶上长疮痂

表现症状：田间初期在茎秆上可见红色油渍状的小点，之后病斑逐渐加大并突起，变为白色或黄色；突起的部分呈疣状，木质化后形成疮痂，疮痂表面粗糙开裂而凹凸不平（图32-1）。叶片发病后变形向内卷曲，严重的皱缩变小，伸展不开而呈扭曲畸形（图32-2）；嫩梢和顶芽受害后缩短，直立不伸长或卷缩呈木耳状（图32-3）。茎蔓被侵染后初为紫褐色圆形或椭圆形突起疮疤，后期凹陷，严重时疮疤连成片，植株生长停滞，受害严重的藤蔓折断后乳汁稀少。在环境条件潮湿的情况下，病斑表面长出病菌的分生孢子盘呈粉红色毛状物。

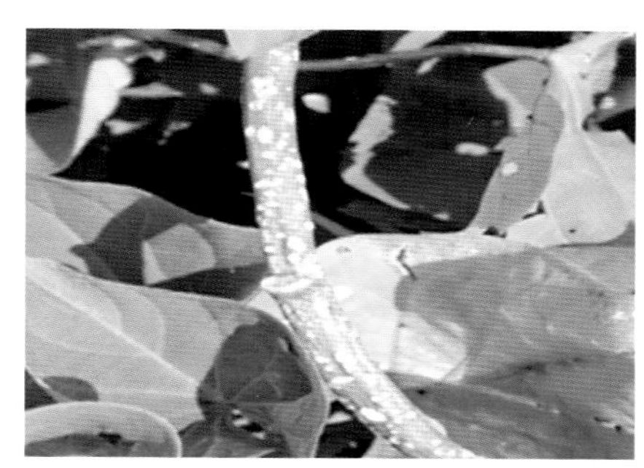

图32-1　茎秆症状

图32-2　叶片向内卷曲

图32-3　嫩梢和顶芽受害

发生原因：是由甘薯痂囊腔菌引起的一种危害甘薯茎和叶的真菌病害，是甘薯叶部病害中危害最严重的一种，又名甘薯缩芽病、甘薯硬秆病、甘薯麻风病、甘薯狗耳病等。带菌的种苗或带病的薯蔓为田间病害的主要初侵染源。病菌远距离传播则靠薯苗的调运。该病在甘薯整个生长季节均可发生，气温15℃以上时病菌开始活动，气温在20℃以上开始发病，最适温度为25～28℃。湿度是病菌孢子萌发和侵入的重要条件，连续降雨和台风暴雨有利发病。雨天翻蔓，病害扩展蔓延更快。在我国南方省区的4～11月均可发病，6～9月为病害流行盛期。

防治措施：(1) 做好病薯苗检疫，划分无病区和保护区，严禁调运病区病苗至保护区，防止病害蔓延。(2) 选用抗病品种，较抗疮痂病的甘薯品种有龙薯24、福薯24、福薯604、广薯87等。(3) 建立无病苗圃，选择光照充足、土质肥沃、排灌方便的无病地块作为育苗床，选用无病的种薯培育健康薯苗。(4) 改进耕作制度和栽培技术，实施轮作，有条件的实行水旱轮作；提倡秋薯留种，改老蔓育苗为种薯育苗；适当增施磷钾肥，增强植株抗病能力；提倡施用酵素菌沤制的堆肥，多施绿肥等有机肥料；适度灌水，雨后及时排水降湿。(5) 彻底处理病残组织，在收获后，尽量清除田间病株、残体，集中烧成灰肥或深埋土中，消灭病源。(6) 药剂防治，可用0.1%甲基硫菌灵或0.1%多菌灵药液浸苗5分钟，浸后晾干扦插；浸苗消毒时要把薯苗全部浸到药液中，一般50千克药液可以连续浸苗6 000 ～ 9 000株；疮痂病在苗床发病初期喷洒36%甲基硫菌灵悬浮剂500 ～ 600倍液、或50%苯菌灵可湿性粉剂1 500倍液、或50%福·异菌（灭霉灵）可湿性粉剂800倍液，每亩施药液50 ～ 60升，隔10天1次，连续防治2 ～ 3次。

33. 甘薯植株茎基部发黑变软进而整株腐烂

表现症状：一般先从茎基部发黑软腐，然后自下而上变黑软腐，早期发病的可至整个植株腐烂死亡，中后期发病的植株拐头黑腐，但植株仍可生长。根茎发病维管束组织有明显的黑色条纹、髓部消失成空腔，薯块发病可造成整薯腐烂，有恶臭味。早期发病的多数整株枯死，到中后期发病仅造成1 ～ 2个枝条枯死。收获时病株及某些地上部无症状的植株，其拐头腐烂呈纤维状，薯块变黑软腐（图33-1，图33-2）。

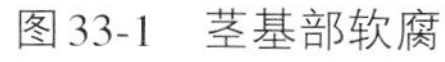
图33-1 茎基部软腐

图33-2 整株腐烂死亡

发生原因：是由狄基氏菌引起的一种细菌性软腐病，该病现在我国南北薯区均有发生，又称甘薯细菌性软腐病、甘薯细菌性茎根腐病、甘薯茎腐病等。该病一般田间为零星发生，但若种苗被染污，带菌苗种植后田间湿度较大则可能造成严重流行。5 ～ 10月均可发病，以7～9月高温高湿季节发生较重。高湿有利于病害发生，在低洼潮湿及易积水的田块或地段，发病率较高。土壤过湿和多雨气候有利病害发生流行，甘薯栽种时遇过程性降雨，有利病原细菌侵入，表现前期发病早、流行快。中耕除草期多雨，则会造成甘薯膨大期病害再次流行，病株率高。高温有利于病害的发生流行，高温季节种植的甘薯病害始见于活棵期，如雨量大则会造成病害流行。台风引起近土表茎基部摆动摩伤或枝条折断，造成大量伤口促进病原菌侵入发病。

防治措施：(1) 加强检疫：截住病源，控制疫区，严防病害随引种、调苗时向无病区传播蔓延。(2) 培育健康种苗：选择排灌方便、土质肥沃、避风的田块建立无病育苗床，培育健苗。(3) 降低薯块、薯苗伤口：规范所有农事操作，避免形成不必要的伤口。(4) 强化安全剪苗：选择晴朗天气剪苗，不剪爬地薯苗，避免用水浸或洗苗。(5) 加强水肥管理：采用高畦种植，雨后及时排水，降低土壤湿度，多施磷钾肥或专用复合肥。(6) 合理轮作：有条件的地方可进行水旱轮作，或与非寄主作物（如禾本科作物）进行3年以上的轮作。(7) 药剂防治：可选用46%可杀得叁千1 000倍液、50%美派安500倍液、20%龙克菌500倍液等药液进行浸苗处理，结合中心病株始见后喷药处理。

34. 甘薯植株变小、丛生

表现症状：主蔓萎缩变矮，侧枝丛生和小叶簇生，叶色浅黄，叶片薄且细小、缺刻增多（图34-1）。侧根、须根细小、繁多。植株生长早期感染该病后，起初是顶蔓的叶片变小、萎缩、叶色较淡；蔓的下部侧芽不断萌发，节间缩短，形成丛枝和簇叶（图34-2，图34-3）。有的叶片大小虽改变不大，但其表面粗糙、皱缩，叶片增厚，有的叶片叶缘还会向上卷，病叶乳汁较健叶少而色淡。早期感病的植株大部分不结薯或结小薯。中、后期感病的植株均能结薯，但薯块较小，病薯块一般煮不烂，但存放后容易发生腐烂。

发生原因：是由植原体引起的一种甘薯重要病害，俗称薯公、

图34-1　侧枝丛生

图34-2　丛枝和簇叶前期

图34-3　丛枝和簇叶中后期

藤鬼，对甘薯的产量和品质影响很大。在苗床期、大田生长期均可发生。甘薯病藤、病薯上的植原体是甘薯丛枝病的初侵染源，通过叶蝉等传毒昆虫进行传播，侵入健康植株。非介体传播以无性繁殖薯块、薯苗为主，也是远距离传播的主要途径之一。另外，嫁接可以传病，而种子、土壤不会传病。凡用病薯、病藤育成的薯苗，特别是病区以越冬老蔓育苗，因薯苗多带有病原物，故栽到大田里即可发病，造成减产。每当田间传毒昆虫大量发生时，甘薯丛枝病就严重发生。年降水量小或遇持续干旱时有利于传毒昆虫繁殖，而导致病害流行。干旱瘠薄的土地比湿润肥沃的土壤发病较重，连作地比轮作地发病重，早栽的比迟栽的发病重。

防治措施：(1) 控制病原传播：严禁到病区引种、调苗。(2) 选用抗病良种：选用潮薯1号、金山57、福薯2号、龙薯9号等较抗病的品种，在此基础上，建立无病留种地、培育栽植无病种薯、种苗。(3) 清除病残体：在甘薯收后立即全面彻底清除病薯和病株残体，及时拔除苗地与大田病株，尤其要及早除净苗地和早栽薯田的早期病株。(4) 治虫防病：及时防治粉虱、蚜虫、叶蝉等传毒昆虫；当田间丛枝病发病初期，每隔5～7天查苗一次，发现病株立即拔除，补栽无病壮苗；定期调查虫情，做到适时喷洒农药，消灭粉虱、蚜虫、叶蝉等传毒害虫，做到灭虫防病。(5) 推广薯田套种：调查发现，大豆或花生与甘薯套种可明显减轻发病，分别较单作甘薯降低发病率31%～42%，鲜薯产量则分别高过单作早薯78%～96%，还具有利用空间多种一季，充分利用生长季节，用地养地结合等好处。(6) 健苗抗病：施用沤制的堆肥或腐熟有机肥，增施钾肥。

35. 甘薯植株“跑根”

表现症状：甘薯结薯不在垄内，而在垄沟的现象称为“跑根”现象。见图35-1。

发生原因：造成“跑根”的原因是由于垄内环境不利于甘薯结薯，如前期过度干旱，造成根系向着水分条件好的土层伸展，而在垄外形成块根；栽插深度过深，导致结薯结位加深，不利于结薯，根系向垄沟周围伸展。

图35-1　植株跑根

防治措施：(1) 在生长前期，遇长期干旱要及时灌水，使垄内水分条件适合结薯。(2) 栽插深度不宜过深，一般薯苗入土节数为3个节为宜。

36. 甘薯植株“空棵”

表现症状：收获期时甘薯未形成有商品价值的薯块，全为须根，俗称“空棵”。见图36-1。

图36-1 植株空棵

发生原因：(1) 品种严重退化病毒积累所致，只长“牛蒡根”不结薯。(2) 感染根腐病，甘薯根系不能正常生长分化，到生长中后期出现空棵。(3) 种植密度过大，大棵欺负小棵，形成小棵不结薯。(4) 甘薯茎叶生长过旺，营养失调，大量养分供应地上部茎叶生长，导致地下部不结薯。

防治措施：(1) 及时更换新品种。(2) 应用脱毒健康种薯种苗。(3) 出现根腐病典型症状时，及时拔除病株，大面积发生时，重新补栽抗病品种。(4) 实行轮作倒茬。(5) 壮苗、弱苗分开种植，防止出现大苗欺小苗现象，同时要根据土壤肥力情况，适当控制种植密度，实现合理密植。(6) 化学控旺，防止茎叶过度生长影响薯块膨大，一般可每亩喷施100毫克/千克烯效唑30升。

37. 甘薯植株开花

图37-1 开花单株

表现症状：北方地区甘薯大田出现少量或者大量的花朵，一定程度上影响产量。见图37-1、图37-2。

发生原因：(1) 品种因素：多数品种在8 ~ 12小时的短日照下36 ~ 40天即可开花，在12 ~ 24小时的长日照下40 ~ 50天同样开花，有少数品种则在8 ~ 24小时的长短日照下多少天始终不易开花；在北方薯区长日照条件下，大多数品种不开花，但有些品种会少量阶段性开花，个别品种整个生长期会大量开花。(2) 气候因素：在生育期内遭遇连阴天，导致日照时间减少，可诱导甘薯植株开花；甘薯开花的适宜夜温是15 ~ 16℃，昼温是21 ~ 30℃，如在生育期内遇上夜间低温，昼夜温差较大，容易导致其开花。(3) 干旱胁迫：土壤相对含水量长期低于60%时，会影响甘薯对肥料等的吸收利用及正常生长，促使其生殖生长，诱导其开花。(4) 根腐病危害：不抗病的甘薯品种在土壤根腐病较重的条件下易开花。

图37-2 开花大田

防治措施：（1）选择不易开花的抗根腐病的甘薯品种。（2）适时灌溉，保持甘薯生长发育的适宜水分条件，防止土壤过度干旱。（3）增施有机肥和钾肥，提高甘薯抗逆能力。

38. 除草剂施后薯叶皱缩、生长缓慢

表现症状：甘薯栽插后，为预防杂草出现，用乙草胺、异丙甲草胺、二甲戊灵等封闭性除草剂喷洒土壤，但是在喷施后甘薯叶片容易出现皱缩、发黄现象，俗称“鸡爪子叶”，类似甘薯病毒病。见图38-1、图38-2。

图38-1　除草剂药害（大田）

图38-2　除草剂药害（单株）

发生原因：除草剂使用过量或喷洒方式不当，抑制叶片生长，造成畸形。

防治措施：（1）控制除草剂的用量，根据土壤质地、有机质含量和墒情决定除草剂的用量。有机质含量高、土壤颗粒较小的壤土或黏性土壤对除草剂的吸附性强，可适当提高用量，但是一般亩用量不宜超过150毫升；反之，有机质含量较低的沙土对除草剂的吸附性差，应适当降低用量。（2）在喷头处安装定向喷雾罩，选择无风或微风的天气喷施，喷施时，喷孔方向要与风向一致，走向要与风

向垂直或夹角不小于45°，要先喷下风处，后喷上风处，以防止药液随风飘移，喷到甘薯叶片或植株上。(3) 一旦产生药害症状，及时采取缓解措施。

39. 除草剂施后甘薯茎叶黄化、干枯

表现症状：甘薯大田垄沟喷洒除草剂后，叶片出现干枯或黄化，叶片失绿、畸形或者局部出现黑色枯斑等。见图39-1、图39-2。

图39-1 除草剂引起的黄化干枯（轻）

图39-2 除草剂引起的黄化干枯（重）

发生原因：这种现象主要是非选择性的触杀型除草剂（如草甘膦等）使用不当引起，非选择性的触杀型除草剂可杀灭一切植物的绿色组织，一般用作苗后定向除草。在喷施除草剂时，由于形成的雾滴过小（<100微米）、温度过高（>28℃）、空气相对湿度过小（<65%）、风力过大（>3级）、光照过强，喷头位置距地面或叶面过高（机引式、背负式喷雾器的喷头高于60厘米）、液泵压力过大等，均易造成雾滴挥发与飘移，往往会使甘薯植株遭受不同程度的危害，着药部位光合作用立即停止，2 ~ 3小时后变色失绿，逐渐枯死。该类药剂不具传导能力，仅着药部位受害，因此甘薯茎叶会出现“黄化、干枯”现象，而不是整株死亡。

防治措施：(1) 在喷施触杀型除草剂时，在喷头处安装定向喷雾罩，尽量在无风或微风的天气进行喷施，喷施压力适中，喷

头尽量贴近地面进行喷施，避免药剂喷施到甘薯叶片或植株上。(2)如果药害症状不太严重，可以通过加强肥水管理，使用碧护、云大-120、油菜素内酯等促进生长的植物生长调节剂喷施叶片，在一定程度上能缓解除草剂药害，经过有一段时间会恢复生长。

40. 玉米茬甘薯生长缓慢、不发棵

表现症状：在上茬种植玉米的地块种植甘薯，会不同程度上发生叶部及根部停止生长、叶片发黄，进而出现植株生长缓慢现象。见图40-1、图40-2。

图40-1 除草剂药害（单株）

图40-2 除草剂药害（大田）

发生原因：主要是由于过量施用“烟嘧莠去津”玉米除草剂对甘薯产生的药害。

防治措施：(1)下茬准备种植甘薯的地块，尽量减少烟嘧莠去津的用量。(2)一旦出现药害症状，大田浇足量水，使根系大量吸收水分，以降低植株体内的除草剂浓度。结合浇水增施碳酸氢铵、硝酸铵或尿素等肥料，促进根系生长。也可以叶面喷施1%～2%的尿素溶液或0.2%～0.3%的磷酸二氢钾溶液或惠满丰600～800倍液。(3)喷施碧护、赤霉素、解害灵、云大-120（天然芸薹素内酯）1 500倍液、赤霉素加1%尿素水溶液或叶面宝等，可促进受害植株尽早恢复。(4)适时中耕，增强土壤通气性。(5)如采取上述措施仍不能缓解药害症状，就应尽早毁种或改种。

41. 甘薯缺氮

表现症状：老叶组织的氮素可再转移，所以轻度缺氮甘薯在叶色和生长习性上表现正常或接近正常，主要表现为叶色变淡发暗，叶蔓加粗、扭曲，而且腋芽活力减弱，进而分枝减少；严重缺氮将导致植株矮小无分枝，叶片小而厚，新叶正反面叶脉或叶肉、叶柄紫色，老叶发黄并逐渐衰老枯落（图41-1，图41-2，图41-3）。然而，因为缺磷、缺硫的植株也有类似的症状，所以这种缺氮的症状也不是独有的，需要进一步辨别。

图41-1　正常浓度和缺氮的甘薯植株

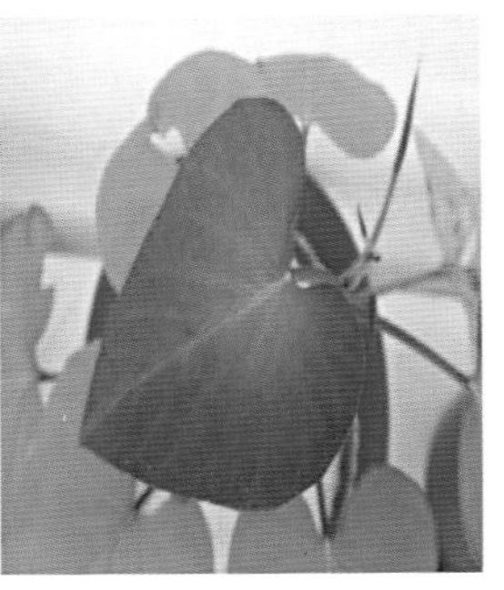

图41-2　严重缺氮的甘薯叶片

图41-3　甘薯田间缺氮症状

发生原因：（1）土壤有机质及有效氮含量低，有机肥、氮肥施用量低，土壤供氮不足，或在改良土壤时施用稻草等秸秆过多、秸秆分解时与作物争氮而造成氮素供应的相对不足。（2）土壤沙性强、质地粗糙，保肥能力弱，容易缺氮。

预防措施：施足基肥，但也要防止氮肥用量过大造成旺长。发现甘薯有缺氮症状时，及时追施速效氮肥，如尿素；也可喷施含氮叶面肥或0.3%尿素溶液，结合浇水冲施速效氮肥等。

42. 甘薯缺磷

表现症状：轻度缺磷经常表现为叶片的颜色比正常叶片的颜色（蓝绿色）要深。与缺氮一样，幼叶与定型叶在出现不同程度的缺磷症状时，都表现为暗绿色。老叶片上有明显症状时，则伴随作物矮化。缺磷的第一个症状通常为未定型的叶片开始衰老。许多（不是所有）栽培品种，在出现紫色素苷之前开始变黄。在衰老的叶片中，出现一系列秋季叶片的颜色，从叶脉间稀疏的斑点开始逐渐变成黄色。由于花色素苷色素的增加，患失绿症的部分可能出现枯黄色或红色。在失绿症区域坏死的损伤将沿着不规则的斑点逐渐扩大，直到整片叶片枯死，变为褐色。有些栽培品种，在出现坏死性损伤前，绿色组织未出现黄色或紫色。然而某些品种的叶片，其坏死部分在最后衰老阶段变成黄色。在一些品种的最新长出的幼叶的表面上，尤其是叶脉，出现紫色（图42-1，图42-2，图42-3）。

发生原因：在石灰性土壤上，磷容易被碳酸钙吸附或以磷酸钙的方式沉淀，另外在高pH环境，甘薯吸收磷的能力也被减弱，据相关试验证明，甘薯在pH=8溶液中生长得很差。南方酸性土壤及北方碱性土壤有效磷含量均较低，磷肥施用量不足时均会产生缺磷症状。另外，当田间施用有机肥不足或地温低影响磷的吸收时会出现缺磷症状。

预防措施：（1）基施有机肥和磷肥，若发现缺磷，早期可以开沟追施磷酸二铵20千克/亩，后期叶面喷肥0.2%～0.5%的磷酸二氢钾溶液。（2）加强腐殖酸类肥料及生物菌肥的使用，利用有机酸及微生物的解磷作用，将土壤中被固态磷转化为有效磷，以提高土壤中有效磷含量，满足甘薯对磷元素的需求。

图42-1 缺磷的甘薯植株

图42-2 缺磷的甘薯叶片

图42-3 田间甘薯生育后期缺磷症状

43. 甘薯缺钾

表现症状：由于钾在植物中移动性较强，在田间，一般需要2～3个月才出现明显的缺钾症状，此时块根的生长开始需大量的钾。一般是老叶先产生失绿黄化症状，脉间失绿黄化，叶片凹凸不平，而叶脉仍可保持绿色，老叶片开始变黄，幼叶保持正常的颜色、大小和结构。老叶片在叶缘和叶脉之间的区域出现失绿症，并可能发展成棕色坏死性损伤，并逐渐感染到整个叶片。某些品种，虽然侵蚀斑从叶缘到叶脉间的扩散程度不同，其主要起始于靠近中主脉的叶脉间区域，但进一步的发展并不按照叶脉的分布。钾缺乏引起的坏死区域的颜色比较暗，而且干燥、易脆。在叶片黄化和出现坏死之前，定型叶与老叶片上的叶脉间出现浅绿色斑。此症状在腋生幼芽上最明显，这可能是钾营养失调的唯一最早的症状。缺钾的作物，生长的根比较细小、质量较差。橘黄色肉质的甘薯品种比正常的肉质的颜色浅。见图43-1。

发生原因：(1) 近年来作物产量的提高造成的土壤钾素消耗增

多，导致中低产水平下农田钾素的投入产出平衡失调，加上农民重视施用钾肥的意识单薄，均导致土壤钾素肥力下降，长此下去，土壤钾素的消耗将进一步扩大。（2）施用有机肥是补充土壤钾素的主要方法之一，近些年来，由于农村劳动力向城市转移，使得需消耗大量劳动力的有机肥积累与施用受到一定程度的制约，导致有机肥用量逐年下降。此外，能大量补充土壤钾素不足的秸秆还田技术所占比例太小，未能得以普遍推广。

图43-1 缺钾的甘薯植株和叶片

预防措施：甘薯对钾肥的吸收量很大，要重视施用有机肥和钾肥。土壤中缺钾时，可每亩施入硫酸钾20～30千克，一次施入或在甘薯快速膨大期追施40%～50%，应急时也可叶面喷洒0.2%～0.3%磷酸二氢钾溶液或0.1%草木灰浸出液。

44. 甘薯缺钙

表现症状：缺钙反应的最初症状就是它的嫩叶组织坏死。嫩叶上沿着侧边常常出现黑斑，然后向嫩叶中部叶脉组织扩展。坏死的组织有些呈深棕色，而且干枯易碎。在黑斑产生前先是出现局部的嫩叶萎黄，可能比正常的叶片颜色要淡一些。由于缺钙导致营养失调加剧，以后新长的叶片也会受到影响，最后导致植物顶端枯死。

缺钙的另一个症状是促使叶片老化。出现黑斑后，它既会从叶柄基部到嫩叶大约一半的边缘处沿叶脉呈丛状发展，也会跨越叶中部叶脉区均匀扩散，呈类似的环状，而且叶边缘易碎且呈不规则状。坏死的组织呈淡棕色，并且不易碎裂。植物缺钙还会抑制根系的生长发育，严重缺钙时，根尖会坏死。总之，缺钙症状表现为植株矮小，整株叶片小而薄，颜色均失绿，新叶叶柄变短，叶脉绿色，全部叶片失绿，老叶发黄并逐渐衰老枯落，根部短小，并有烂根现象。见图44-1。

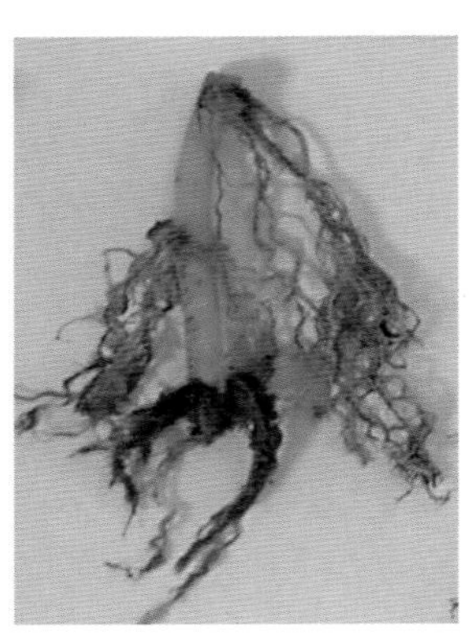

图44-1 缺钙的甘薯植株（左）、叶片（中）和根（右）

发生原因：钙是土壤里主要的盐基离子，在低阳离子交换量的酸性土壤上，容易缺钙，钙含量低抑制植物生长，另外强酸性的土壤会含有高的交换性铝，铝毒对根部生长的抑制作用也会加剧缺钙程度，高浓度的钾和镁的竞争会减少钙的吸收，因此，过度施用钾镁肥料会造成缺钙。

预防措施：（1）缺钙症状的甘薯可以于傍晚以0.3%硝酸钙溶液进行喷雾，3天一次，连喷3次，并亩施钙镁磷100千克，或撒施石灰100千克。为了防止石灰烧伤作物，撒施石灰应当避免石灰与植株直接接触，并避免撒施后1～2天内下雨。（2）多使用有机肥，保证被作物吸收的元素能够得到补给。（3）不要将秸秆焚烧，应尽量将秸秆沤制后还田（可加钙镁磷肥或石灰进行沤制），或者直接还田。

45. 甘薯缺硫

表现症状：甘薯缺硫与缺氮症状有点类似，容易导致整株植物出现均匀的浅绿色失绿症，叶脉也不是绿色，甚至叶脉比叶脉间组织更显得缺绿。中上部叶片更明显一些，叶片大而薄，叶柄变短，但叶片并不提前干枯脱落。严重缺硫时也会造成植株生长迟缓、分枝少等症状。田间一般不易观察到缺硫症状。出现明显症状时，生长已表现出严重矮化，同时叶片缩小，而且蔓的分枝和腋芽数都减少。见图45-1。

图45-1　缺硫的甘薯植株和叶片

发生原因：在雨水丰沛的地区，硫很容易被雨水带走流失；农田系统里秸秆焚烧，硫会以二氧化硫气体的方式流失。另外，高浓度复合肥的长期施用，因硫素缺少有效的补充也会造成土壤缺硫或潜在缺硫。长期种植喜硫作物的土壤，如果不及时补充硫肥也容易造成缺硫。

预防措施：通常通过施用含硫化肥补充硫素，如石膏肥料、硫酸铵、过磷酸钙、元素硫等。硫肥用量要根据作物需硫量与土壤硫素状况而定，一般情况下，对于缺硫土壤，每亩补充1.5 ~ 3千克硫基本能达到本茬作物需硫要求，如每亩施用硫酸铵10千克或硫黄粉2千克或过磷酸钙20千克等。其次在甘薯定植前，对土壤增施有机肥，及时耕翻土壤，也能起到一定的补硫效果。

46. 甘薯缺镁

表现症状：甘薯缺镁，其整体上为苍白色。早期表现为老叶片上的叶脉之间出现失绿症，典型症状是主叶脉周围存在暗绿色的组织，细小叶脉处于辐射状的苍白色的横纹组织中。有一些品种，其失绿症呈斑点状，叶脉有很小的绿边，似乎是在苍白的叶片上有绿网。最老的叶片上先出现失绿症，并会扩散到幼叶上，也可能发生叶缘向上或向下卷曲，或是叶片枯萎下垂。发生缺镁症状时，老叶片上出现紫色或红棕色色素。很多情况下，色素沉积会影响叶片表面靠近叶尖和边缘的组织，有些品种叶片上的叶脉变成红色。严重时，老叶片的失绿症可发展为黄化、坏死。缺镁作物的蔓比较弱小、卷曲，节间较长，与黄化病的症状相似。见图46-1。

图46-1　缺镁的甘薯植株（左、中）和叶片（右）

发生原因：镁缺乏造成的主要原因是土壤镁含量低，或者是过量的钾和钙抑制了镁的吸收。镁缺乏最可能发生在阳离子交换量低的沙土上，还有高钾的火山灰或者石灰性土壤上，过度施钾肥也会导致缺镁。另外，在酸化严重的土壤中，根部铝毒的存在也会抑制植物吸收镁，造成缺镁。

预防措施：酸性缺镁土壤，施用含镁石灰（白云石烧制）既供镁又中和土壤酸性，兼得短期和长期效果，最为适宜。一般大田以施用硫酸镁居多，每亩基施3～5千克，或者每亩施用钙镁磷肥50千克，可同时补充钙、镁、磷营养元素。应急矫正以叶面喷施浓度1%～2%的硫酸镁为宜，连续2～3次。另外不要过量施用钾肥。

47. 甘薯缺硼

表现症状：缺硼直接影响枝条和根部的组织生长。最初的症状常常会使嫩叶变厚，叶片和主茎顶端附近被触及时易碎裂。严重时生长点坏死，但田间的缺硼症状较少发现。严重缺硼处理的甘薯块根表面会出现赖皮，表面不光滑，失去光泽和红色，正常硼的块根表面正常。从块根横切面及纵切面上可以明显看出，缺硼处理的内部出现黑色块状斑点，但检测不到病菌，甘薯中心部位出现白色薯肉，类似萝卜糠了，薯肉有苦味，俗称“苦丝病”，对甘薯品质和品相造成重大不利影响。见图47-1、图47-2。

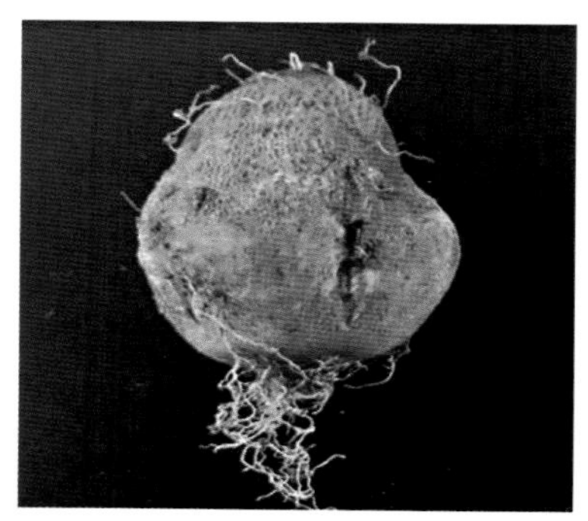
图47-1　严重缺硼甘薯外表症状

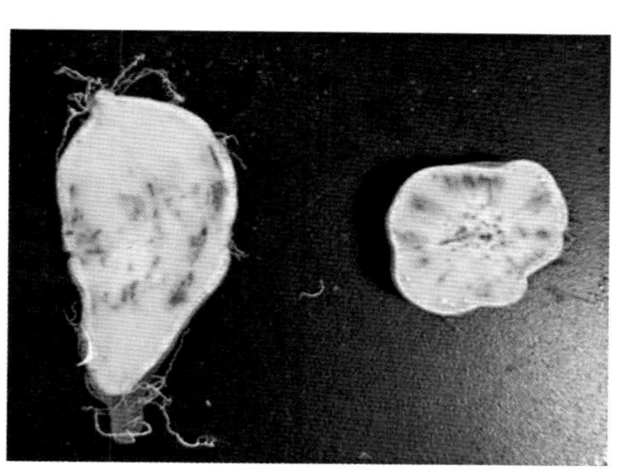
图47-2　严重缺硼甘薯薯肉症状

发生原因：硼缺乏很容易发生在酸性火成岩、淡水沉积岩形成的土壤上，这种土壤本身硼很低，另外在酸性或雨量大的沙土中会造成硼流失。在干旱或冷的条件下，会限制根的发育和水分从根部向顶端转移，从而加重硼的缺乏，在雨季和夏天，缺硼会有所改善。

预防措施：当土壤中有效硼含量≤0.5毫克/千克时，每亩可基施硼砂0.5～1千克。也可在薯块膨大初期喷施0.1%硼砂液，一周喷一次，喷施2～3次。

48. 麦蛾危害

表现症状：幼虫啃食新叶，幼芽呈网状，幼虫钻入芽中，虫体长大后啃食叶肉，仅剩下表皮，至被害部变白，后变褐枯萎，发生严重时仅残留叶脉。长大后把叶卷起咬成孔洞。见图48-1、图48-2。

图48-1 麦蛾危害前期

图48-2 麦蛾危害后期

发生特点：甘薯麦蛾危害所致。麦蛾以蛹在叶中结茧越冬，幼虫在第二年甘薯长出新芽后危害，7～8月虫量最大，高温干旱的条件，发生更为猖獗。卵散生于薯叶背面，叶脉交叉处。幼虫孵化后，低龄只剥食叶肉，2龄后吐丝卷叶，藏在卷叶内危害，并能转移其他叶危害。

防治措施：(1) 农艺措施：收获后要及时清洁田园，消灭越冬蛹，降低田间虫源。(2) 人工捕杀：开始见幼虫卷叶危害时，要及时捏杀新卷叶中的幼虫或摘除新卷叶。(3) 化学防治：在幼虫发生初期施药防治，施药时间以下午4 ～ 5点最好。药剂可选用2%阿维菌素乳油1 500倍液，或20%虫酰肼悬浮剂2 000倍液，或20%除虫脲悬浮剂1 500倍液，或5%氟虫脲可分散液剂1 500倍液，或2.5%高效氯氰菊酯2 000倍液喷雾防治。收获前15天停止用药。

49. 斜纹夜蛾危害

表现症状：斜纹夜蛾为暴食性昆虫，幼虫食叶，也咬食嫩茎、叶柄，大发生时，常把叶片和嫩茎吃光，造成严重损失。见图49-1、图49-2。

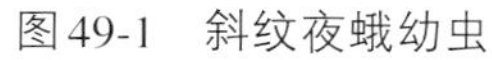

图49-1 斜纹夜蛾幼虫

图49-2 斜纹夜蛾成虫

发生特点：近年在北方薯区危害日趋严重。河北年发生3 ～ 4代，湖北5代，广东福建7 ～ 9代，世代重叠。以蛹在土中越冬。成虫把卵产在叶背，初孵幼虫群集于叶背取食下表皮及叶肉，低龄阶段靠吐丝下坠随风飘移传播，2 ～ 3龄分散活动。成虫对黑光灯趋性强，幼虫具假死性，老龄幼虫有成群迁移、转移危害的习性。

防治措施：（1）农业防治：注意清除田间及地边杂草，灭卵及初孵幼虫。（2）利用其对黑光灯及性诱剂的趋性诱杀：每3 ～ 10亩用一个或50米间距用一个诱捕器，三角交叉排列，投放地点以甘薯田上风口处为宜。每4 ～ 6周需更换一次诱芯，以提高诱虫效果。（3）药剂防治：掌握在3龄幼虫前局部发生阶段挑治。建议使用20%虫酰肼悬浮剂1 000倍液，或1%甲氨基阿维菌素苯甲酸盐乳油1 000倍液，或10%溴氰虫酰胺乳油1 000倍液交替轮换喷雾防治，用药时间选在傍晚。

50. 茎螟危害

表现症状：幼虫在甘薯茎内蛀食，被害植株茎基部肿胀成畸形，并常有虫粪排出，茎基部中空，容易折断，影响植株生育，甚至造成缺株。见图50-1、图50-2、图50-3、图50-4。

图50-1 茎螟幼虫

图50-2 茎螟蛹

图50-3 茎螟成虫

图50-4 茎基部茎螟蛀洞

发生特点：全年可发生4 ~ 6代，老熟幼虫在冬薯或残株遗薯内越冬，次年3 月化蛹。成虫昼伏夜出，趋光性弱。成虫寿命多为3 ~ 10天。多在夜间羽化，羽化后当天即可交尾，第二天晚上开始产卵。卵多散产在叶芽、叶柄或幼嫩的茎蔓上。一雌虫一生产卵70 ~ 80粒，卵期一般6 ~ 7天，孵化后在茎叶上爬行或吐丝下坠随风飘移，多从叶腋处蛀入茎内危害，后转入主茎或较粗茎蔓内取食。薯蔓受刺激后，形成中空膨大的虫瘿。老熟幼虫先在虫瘿上咬一羽化孔，孔口由半透明的薄丝膜封住而后结一薄丝茧匿居其中化蛹，化蛹位置多在羽化孔下方2 ~ 8厘米处。甘薯茎螟一般在旱地甘薯比水田甘薯危害重，黏土田比砂质田甘薯受害重。

防治措施：(1) 清洁田园：在收薯后及时清洁田园，减少越冬虫口基数。(2) 轮作：水旱轮作有利于控制甘薯茎螟的发生。(3) 化学防治：在成虫羽化高峰，喷洒5%氟啶脲1 000 倍液，或1.8%阿维菌素乳油1 000 ~ 2 000倍液等。

51. 叶甲危害

表现症状：成虫危害甘薯幼苗嫩叶、嫩茎，致幼苗顶端折断，严重危害也可导致幼苗枯死。幼虫危害土中薯块，把薯表吃成弯曲伤痕，与蛴螬危害的最大区别在于其危害造成的伤痕较浅，且呈不规则状。见图51-1、图51-2。

图51-1　叶甲幼虫

图51-2　叶甲成虫

发生特点：一般一年发生一代，幼虫在土下或薯块内越冬，也有成虫在石缝或枯枝落叶里越冬。在长江以南，越冬幼虫5月下旬化蛹，6月中下旬为成虫盛期。成虫飞翔力差，有假死性。初孵幼虫孵化后潜入土中啃食薯块的表皮，幼虫期10个月。

防治措施：(1) 捕杀成虫：利用该虫假死性，于早、晚趁其在叶上栖息不大活动时，震落塑料袋内，集中消灭。(2) 撒施毒土：在甘薯栽秧时或施夹边肥时，施用辛硫磷等颗粒剂，每亩有效成分150 ~ 200克。(3) 药剂喷杀：成虫盛发期时，可用1%甲氨基阿维菌素苯甲酸盐2 000 ~ 3 000倍喷雾防治。

52. 蚜虫危害

表现症状：以成蚜或若蚜群集于甘薯叶背面、嫩茎、生长点上，用针状刺吸口器吸食甘薯汁液，使细胞受到破坏，生长失去平衡，叶片向背面卷曲皱缩，心叶生长受阻（图52-1）。蚜虫危害时排出大量水分和蜜露，滴落在下部叶片上，引起霉菌病发生，使叶片生理机能受到障碍，减少干物质的积累。此外，蚜虫可传播多种甘薯病毒如羽状斑驳病毒等，严重影响甘薯的产量。

图52-1　蚜虫危害叶片

发生特点：甘薯蚜虫寄主范围广，可危害甘薯、棉花、蔬菜等植物，一般营全周期生活，在冬寄主上营孤雌胎生，繁殖数代皆为干雌。当断霜以后，产生有翅胎生雌蚜，迁飞到十字花科、茄科作物等侨居寄主上危害。甘薯蚜虫繁殖速度快，在华北地区一年可发生10余代，长江流域一年发生20 ～ 30代。春季气温达6℃以上开始活动，首先在越冬寄主上繁殖数代，于5月底产生有翅蚜迁飞到甘薯上繁殖危害，直到秋末冬初又产生有翅蚜迁飞到保护地内。早春晚秋19 ～ 20天完成一代，夏秋高温时期，4 ～ 5天繁殖一代。一只无翅胎生蚜可产出60 ～ 70只若蚜，产卵期持续20余天。靠有翅蚜迁飞向远距离扩散，一年内有翅蚜迁飞多次。甘薯蚜虫在不同年份发生量不同，主要受降水量、气温等气候因子所影响。

防治措施：(1) 农业防治：秋冬清洁田园，烧毁枯枝落叶，消灭越冬虫源。(2) 化学防治：药剂防治是目前防治蚜虫最有效的措施，可喷施3%啶虫脒乳油1 500倍液或10%吡虫啉可湿性粉剂2 000倍液、14%氯虫高氯氟菊酯20 ~ 30毫升/亩或10%溴氰虫酰胺200毫升/亩喷雾。(3) 诱杀：利用黄板诱杀，或用不干胶和机油，涂在黄色塑料板上，诱杀蚜虫。(4) 保护天敌：蚜虫的自然天敌很多，包括：瓢虫、草蛉、食蚜蝇、黑食蚜盲蝽等，注意用药时期，保护天敌，可增强其对蚜虫种群的控制作用。

53. 叶螨危害

表现症状：成、若螨聚集在甘薯叶背面刺吸汁液，叶正面出现黄白色斑，后来叶面出现小红点，危害严重的，红色区域扩大，致甘薯叶焦枯脱落，状似火烧。多种叶螨混合发生，混合危害。见图53-1。

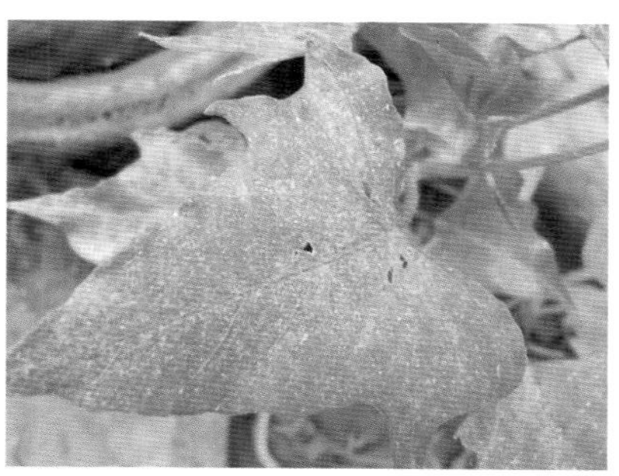

图53-1　叶螨危害叶片

发生特点：每年发生的代数不同，在北方12 ~ 15代，在长江流域18 ~ 20代，而在华南地区则可发生20代以上。其平均发育起点温度约为10℃，生长发育的适宜温度为26 ~ 28℃。雌成螨多为两性繁殖，一生中雌性和雄性可交配多次；成螨羽化后即可交配，且交尾后1 ~ 2天就可产卵，每头雌成螨平均产卵量为50 ~ 110粒，多产于植物的叶背附近。也可孤雌生殖，其后代以雄性个体居多。叶螨喜好干燥，干燥而炎热的天气往往导致叶螨的猖獗。叶螨可凭借风力、昆虫、鸟兽和农业机具进行传播，或随种苗的运输而扩散。

防治措施：(1) 农业防治：秋冬清洁田园，烧毁枯枝落叶，消灭越冬虫源，清除地边杂草。(2) 化学防治：使用40%三氯杀螨醇乳油1 000 ~ 1 500倍液，20%螨死净可湿性粉剂2 000倍液，15%哒螨灵乳油2 000倍液，1.8%阿维菌素乳油4 000 ~ 6 000倍液等均可达到理想的防治效果。(3) 保护天敌：田间有中华草蛉、食螨瓢虫和捕食螨等，注意用药时期，保护天敌，可增强其对叶螨种群的控制作用。

54. 粉虱危害

表现症状：烟粉虱是一种食性杂、分布广的小型刺吸式昆虫。若虫和成虫均可刺吸危害植物的幼嫩组织，影响寄主生长发育（图54-1）；分泌蜜露诱发煤污病，影响叶片正常光合作用；传播植物病毒，使植物生长畸形。

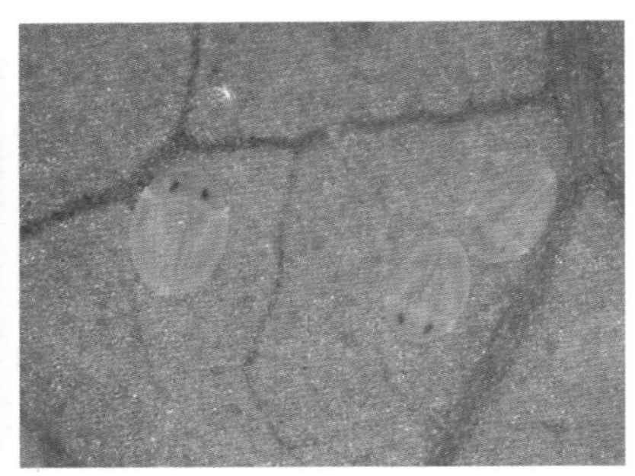

图54-1 烟粉虱危害叶片

发生特点：烟粉虱的寄主范围广。一年发生代数视环境温度而定，田间发生世代重叠极为严重，一般在北方薯区，一年发生4 ~ 5代，在南方薯区可发生10代以上，烟粉虱的最佳发育温度为26 ~ 28℃。一生由卵期、4个若虫期和成虫期组成，通常将第4龄若虫称为伪蛹。成虫喜在叶片背面产卵，不规则散产，每头雌虫可产卵30 ~ 300粒，在适合的植物上平均产卵200粒以上。烟粉虱雌雄成虫往往成对在叶背面取食，多在植株的中、上部叶片产卵。

防治措施：(1) 农业防治：秋冬清洁田园，烧毁枯枝落叶，消灭越冬虫源。(2) 物理防治：黄板诱集，在黄板上涂抹捕虫胶诱杀烟粉虱，黄板放置位置应在距植株边缘0.5米处，悬挂在距甘薯的生长点15厘米处，每亩挂50块。防虫网，在甘薯育苗圃，可用30目防虫网防护，防止白粉虱的入侵。(3) 化学防治：用25%噻虫嗪水分散粒剂3 000 ～ 4 000 倍液、5%吡虫啉乳油1 000 ～ 1 500倍液喷雾或灌根，或3%啶虫脒微乳剂1 000倍、2.5%联苯菊酯1 000倍液、10%吡虫啉2 000 ～ 3 000倍液、25%噻嗪酮可湿性粉剂1 000 ～ 1 500倍液、1.8%阿维菌素乳油1 500倍液喷雾。

55. 薯蚁象危害

表现症状：成虫取食甘薯薯块、藤和叶片。雌虫在薯块表面取食成小洞，产单个卵于小洞中，之后用排泄物把洞口封住。幼虫终身生活在薯块或薯蔓内，取食成蛀道，且排泄物充斥于蛀道中。幼虫的取食能诱导薯块产生萜类和酚类物质，使薯块变苦，即使是少量侵染也能使薯块不能食用或饲用。见图55-1、图55-2、图55-3、图55-4。

图55-1　蚁象成虫危害叶片

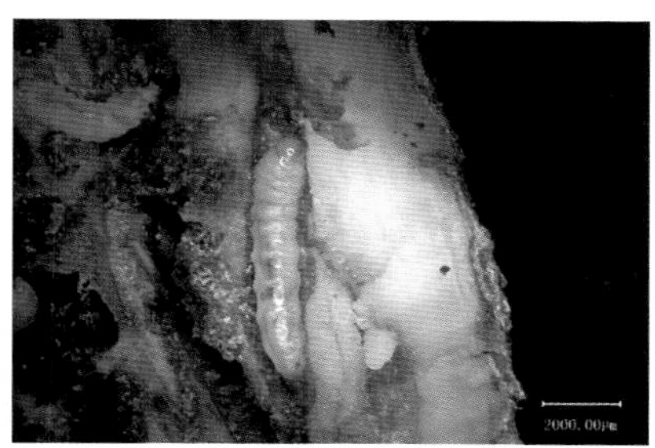

图55-2　蚁象幼虫危害薯块

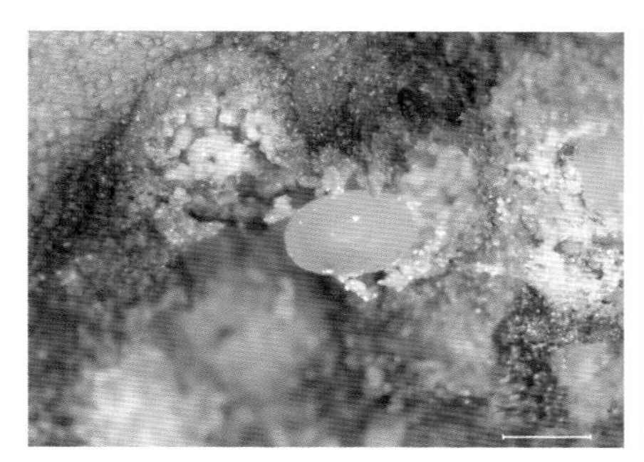

图55-3　蚁象卵

图55-4　蚁象危害薯块

发生特点：甘薯蚁象在重庆、湖北等靠北的分布区域，主要以成虫、幼虫及蛹在窖藏薯块中越冬，在自然环境中受害薯块中的蚁象死亡率较高。在广东、海南等温暖地区，甘薯蚁象除以成虫、幼虫及蛹等虫态在薯块中越冬外，也可以成虫在田间杂草、石隙、土缝、枯叶残蔓下度过不利的环境条件。在海南等地，冬季仍见成虫产卵繁殖，无明显越冬迹象。成虫主要取食甘薯茎或薯块的表皮组织，并喜食老熟组织，其取食顺序依次为薯块、薯拐、成熟茎蔓和幼嫩茎蔓。成虫羽化7天后开始交配，卵主要产于块根和主茎基部。每雌产卵50～100粒，最多可产150～250粒，产卵期最短为15天，最长达115天。雌虫飞翔能力较差，多作短距离的飞行或爬行，但雄虫飞行能力较强，在自然环境中甘薯蚁象的扩散距离达2～4千米，随风被动扩散的距离会更远。成虫多于清晨或黄昏活动，白天栖息于茎叶茂密处或土缝和残叶下，具假死性。幼虫孵化后即向块根和主茎基部内蛀食，造成弯曲隧道，整个幼虫期均生活其中。蛀道内充满虫粪，被害部变黑、霉坏或发臭。

防治措施：(1) 检疫措施：对种薯种苗调运实施严格检疫，防止甘薯蚁象的远距离扩散。(2) 农业措施：及时清除育秧田薯块，甘薯收获后清除薯块、茎蔓、薯拐等，集中深埋或烧毁；实行水旱轮作，甘薯与水稻轮作对甘薯蚁象的防控效果最佳；及时培土，防止薯块裸露。(3) 性诱剂诱杀：每亩放置3～5个诱芯，每2个月更换一次。(4) 化学防治：毒饵诱杀，在田间未种植或薯收获后，将新鲜薯块切成1厘米厚，浸入5%甲氨基阿维菌素苯甲酸盐1 000倍液中2小时，取出晾干，放入田中，上面盖草防止薯块变干，每亩10～20个，进行诱杀。在育秧田或甘薯田，施用辛硫磷颗粒剂100克/亩；在甘薯蚁象成虫发生高峰期，喷施40%毒死蜱乳油1 000～1 500倍液。

三、收获期和储藏期

56. 同品种薯块皮色肉色差异大

表现症状：同一甘薯品种，薯皮色和薯肉色深浅不同，差异较大，对外观品质产生较大影响。见图56-1。

图56-1　同品种皮色差异较大薯块

发生原因：(1) 土壤类型，不同土壤类型会造成甘薯薯块干物质含量以及胡萝卜素含量的不同。(2) 种植时间，甘薯的生育期影响薯块的品质和产量。(3) 土壤水分含量。(4) 自然变异，一般来说自然变异发生概率较少。

预防措施：根据具体需求，择优选择土壤类型、种植时间，尽量在相同的生产条件下种植。

57. 甘薯植株"柴根"

表现症状：柴根是未膨大的块根，又叫粗根、梗根、牛蒡根，一般粗0.5～1.0厘米，长可达30～50厘米，是甘薯幼根在生长过程中发育不完全而形成的畸形肉质根。柴根徒耗养分，无商品价值。见图57-1。

图57-1　柴　根

发生原因：（1）薯苗的质量和品种是内因，弱苗和老硬蔓苗根原基细小，或有些品种发根细和幼根内原生木质部束数少，引起形成层活动范围小，就容易形成柴根。（2）环境条件是外因，如土温过高（>35℃）使植株呼吸加强，消耗大于积累，块根生长停顿；土温过低（15～18℃）会延迟根系发育；土壤相对含水量长期低于45%，根内木质化程度加大；土壤含水量长期饱和，土壤通气性差，形成层活动弱；钾肥亏缺，同化物转运和积累少、慢；氮肥过多，茎叶生长过旺，光合产物向下转运受阻。以上情况都容易形成柴根。

预防措施：（1）选择脱毒甘薯种苗，防止品种退化、病毒代代积累不结薯，形成柴根。（2）选用壮苗，栽插时选用百株苗重在500克以上、苗床采摘后阴凉保鲜不超过3天的壮苗。（3）深耕改土，栽插前深耕深翻20厘米，起垄后创造适宜根系生长所需的土壤环境，协调土壤水、肥、气、热之间的关系。（4）合理灌溉，满足甘薯对水分不同时期的需求，尤其是起垄时土壤相对含水量不能低于60%，后期注意排水防涝。（5）及时控旺，防止茎叶疯长。（6）配方施肥，根据土壤肥力和甘薯需肥特性按照氮磷钾1：2：3的比例施肥，也可采用甘薯专用肥。

58. 薯块表面红色网纹

表现症状：甘薯大田期，病株表现萎黄，块根、茎基的外表生有病原菌的菌丝，白色或紫褐色，呈蛛网状，症状明显，病薯由下向上，从外向内腐烂，后仅残留外壳（图58-1）。

图58-1　紫纹羽病薯

发生原因：甘薯植株受紫纹羽病丝核菌侵染所致。一般紫纹羽病病菌以菌丝体、根状菌索和菌核在病根或土壤中越冬，条件适宜时，根状菌索和菌核产生菌丝体，菌丝体集结形成的菌丝束，在土里延伸，接触寄主根后即可侵入危害，一般先侵染新根的柔软组织，后蔓延到主根。等块根长大后，薯块表面的菌丝就像红色的"网纹"。此外，病根与健根接触或从病根上掉落在土壤中的菌丝体、菌核等，也可由土壤、流水进行传播。低洼潮湿、积水的地区发病重。

预防措施：(1) 严格选地，不宜在发生过紫纹羽病的桑园、果园以及种过大豆、甘薯等地栽植甘薯，最好选择禾本科茬口。(2) 发现病株及时挖除烧毁，四周土壤亦应消毒或用20%石灰水浇灌。(3) 发病初期在病株四周开沟阻隔，防止菌丝体、菌索、菌核随土壤或流水传播蔓延。(4) 在病根周围撒培养好的木霉菌，如能结合喷洒杀菌剂效果更好。(5) 发病初期及时喷淋或浇灌36%甲基硫菌灵悬浮剂500倍液或70%甲基硫菌灵可湿性粉剂700倍液、50%苯菌灵可湿性粉剂1 500倍液。

59. 薯块表面“龟裂”

表现症状：甘薯薯块表面产生龟壳纹状和不规则状裂口，俗称“龟裂”。见图59-1。

图59-1 “龟裂”病薯

发生原因：内因是薯块在生长发育的某一段时间内部突然发育过快，而外面的发育没有跟上，就出现龟裂及裂纹。外因是环境因素，一是土壤元素缺失、施肥不均衡，土壤只施用氮、磷、钾三元素复合肥，土壤偏酸，严重缺乏有机肥和微量元素，如钙是细胞壁重要组成部分，土壤缺钙直接影响根部发育，减少了干物质的积累，使薯块表皮变薄，弹性下降，薯块容易裂口；二是水分供应不平衡，由于不利天气影响，土壤长期干旱后突然给大水，引起薯肉快速生长而薯皮生长慢于薯肉，薯块出现龟裂及裂口现象；三是病虫危害，如甘薯茎线虫、根腐病危害薯块，也会引起龟裂；四是土壤过沙过黏，土层薄，薯块盖土少，土壤板结，不疏松，透气性差；五是温湿变化大，特别是薯块膨大期干旱高温，突遇低温多雨，由于薯田过干，下雨或浇水后肥料迅速挥发提供养分，使薯块内部组织快速增长，而皮层生长缓慢被撑裂而发生薯块裂口；六是密度过稀，栽插方法不当，由于栽植密度小加之薯苗入土节数少而结薯少，单株养分得不到分散进而产生大块，过大的薯块也容易开裂。

预防措施：（1）选用不易开裂的抗病品种。（2）建立无病留种地，培育无病健康壮苗。(3) 实行土壤消毒预防地下害虫，采用颗粒型二嗪磷等药剂防治蛴螬、金针虫等地下害虫，在栽插前20天开沟施药并立即覆土起垄。(4) 选择脱毒和干净高剪苗，种植前种苗用50%多菌灵彻底杀菌消毒。(5) 适度密植，栽植密度可提高到4 000 ~ 4 200株/亩，栽插时尽量采用抗旱留三叶斜栽、船底形和水平栽法，增加入土节数，使结薯条件一致，薯块多而匀，不易开裂。(6) 根据甘薯的需肥特性合理施肥，增施有机肥和中微量元素，一般每亩底施有机肥 3 ~ 5米^3。在甘薯生长旺盛时期，缺钙的地块应结合浇水或在降雨之前每亩撒施硫酸钙20 ~ 30千克。(7) 加强田间水分管理，甘薯团棵后，由于气温高，蒸发量大，土壤墒情不足，及时浇水满足甘薯对水分的需求。(8) 扶垄一定要做到高、大、胖，垄高不少于25厘米，垄距85厘米左右，深耕25 ~ 30厘米，增加土壤通透性，利于薯块膨大。(9) 轮作换茬，与花生轮作效果较好，可轮作一年；与玉米、芝麻等轮作时间要更长，以2 ~ 3年为佳。

60. 薯块表面布满“针眼”

表现症状：薯块表面存在许多细而深的针状孔洞小眼，俗称“针眼”，对薯块商品价值影响很大（图60-1）。

图60-1　金针虫危害薯块

发生原因：由细胸金针虫、沟金针虫和褐纹金针虫危害所致。幼虫活动温度不超过20℃，最适宜温度为9 ~ 16℃，低洼易涝地区和灌溉条件好的地块是常发、易发区。成虫有假死性，对萎蔫鲜杂草有极强的趋性。成虫3月底出土，活动时期为3 ~ 5月，将卵产在0 ~ 5厘米土层中，6月卵孵化。越冬的幼虫3月中旬开始上移，4月中下旬进入危害期，7月中旬至8月下旬幼虫下潜，10月再次危害。

预防措施：(1) 农艺措施：冬前翻耕冻垡，利用冬季低温杀死拟越冬幼虫。(2) 土壤处理：在栽秧时沟施或穴施3%辛硫磷颗粒剂6 ~ 8千克/亩。(3) 堆草诱杀：在田间堆放8 ~ 10厘米厚的略萎蔫的鲜草撒布5%敌百虫粉（50堆/亩），或用2.5%氯氟氰菊酯乳油兑水与适量炒熟的麦麸或豆饼混合制成毒饵，于傍晚顺垄撒入甘薯茎基部，利用地下害虫昼伏夜出的习性，将其杀死。

61. 薯块表面出现大的孔洞

表现症状：薯块表面出现大的孔洞，深浅不一，洞内颜色变深，严重影响薯块外观品质和商品价值（图61-1）。

图61-1　蛴螬危害薯块

发生原因：金龟子幼虫即蛴螬危害薯块所致。以华北地区为例。华北大黑鳃金龟两年发生一代，成虫初见期为4月中旬，高峰期在5月中旬，对光有一定趋性；一龄幼虫盛期为6月下旬。暗黑鳃金龟一年发生一代，成虫初见期为6月中旬，第一高峰在6月下旬至7月上旬，第二高峰在8月中旬，对光有较强的趋性；一龄幼虫盛期为

7月中下旬。铜绿丽金龟一年发生一代，成虫发生集中，高峰期为6月中下旬，对光有极强的趋性；一龄幼虫盛期为7月中旬。幼虫一般3个龄期，三龄幼虫食量最大，常造成严重损失。

防治措施：(1) 农艺措施：春秋翻耕，施用腐熟肥料，清除杂草。(2) 灯光诱杀成虫：分别利用频振式杀虫灯，一灯控制30 ~ 50亩，或利用黑光灯，一灯控制30亩。(3) 化学防治：在栽秧时沟施或穴施3%辛硫磷颗粒剂6 ~ 8千克/亩。

62. 薯块呈“蜂腰或葫芦状”

表现症状：薯块形成大肠形、葫芦形等畸形薯块，块根产量低，外观品相差，严重影响商品价值（图62-1）。

图62-1 根腐病危害薯块

发生原因：主要是甘薯根腐病真菌侵染造成。病原菌为腐皮镰孢，主要通过土壤、土杂肥和病残体等传播途径，田间病害扩展主要靠水流和耕作活动，带病的种薯和薯苗则是远距离传播的主要途径。根腐病发病规律是，高温、干旱条件下发病重，夏薯重于春薯，连作地重于轮作地，晚栽重于早栽，沙土瘠薄地重于黏土肥沃地。

预防措施：(1) 选用抗病品种，尤其注意不在发病重的区域留种，需年年更换健康种薯、种苗。(2) 培育壮苗，适时早栽，早栽早管促早发根，能增强甘薯的抗病力。(3) 深翻改土，增施净土，对根腐病病田深翻25厘米，以生压熟，并增施无菌的无机肥料。

(4) 轮作换茬，实行甘薯与花生、芝麻、棉花、玉米、高粱、谷子、绿肥等轮作，并适当延长轮作年限。(5) 清除病残体，对受到根腐病病菌侵染的薯块、薯拐、薯蔓等就地收集，深埋或烧毁。(6) 山区病田要修好排水沟，防止病菌随雨水自然漫流，扩散传播。

63. 薯块糠皮、糠心

表现症状：薯块受害主要有三种，一是糠皮型，薯皮皮层呈青色至暗紫色，病部稍凹陷或龟裂；二是糠心型，薯块皮层完好，内部呈褐、白相间干腐；三是混合型。发病严重时，糠皮和糠心同时发生。见图63-1。

图63-1　茎线虫危害薯块

发生原因：由甘薯茎线虫病感染引起。用病薯育苗，线虫从薯苗茎部附着点侵入，沿皮层向上下移动。病秧栽入大田后，线虫主要在蔓内寄生，也可进入土壤。结薯期线虫由蔓进入薯块顶部，向上向下扩展危害，病薯外表与健康薯无异，但薯块内部变成褐、白相间的干腐状，俗称糠心。病土或肥料中的线虫，也可从秧苗根部伤口侵入，或从新的小薯块直接侵入。直接侵入的线虫，使薯块内部组织变褐发软，呈块状褐斑或小型龟裂，俗称糠皮，严重时糠心。

预防措施：(1) 选用健康种苗，严格进行种薯种苗检疫，插栽前用5%辛硫磷乳油800 ～ 1 000倍液浸苗15 ～ 20分钟。(2) 选用抗茎线虫病的甘薯品种。(3) 选5年以上未种过甘薯的地块做无病留种田繁殖无病种薯，无病种薯单收，用新窖单藏。(4) 在育苗、移栽、甘薯收获入窖储藏三个阶段，清理病薯残屑、病苗和病蔓，集中烧毁或深埋。(5) 实行轮作，将甘薯和其他粮食作物实行3年以上轮作。(6) 化学防治：茎线虫病发生较轻的地块，可于栽插时将薯苗用三唑磷或辛硫磷微胶囊蘸苗后栽插。

64. 薯块表面出现带苦味的黑斑或褐斑

表现症状：薯块表面有黑色小圆斑，或不规则形轮廓、中央明显略凹陷的褐色或黑色病疤，病疤上有灰色霉状物或黑色刺毛状物，病薯具苦味。见图64-1。

图64-1　黑斑病薯块

发生原因：是由子囊菌亚门核菌纲球壳菌目长喙壳科长喙壳菌属病菌引起的甘薯黑斑病。黑斑病主要靠带病种薯传病，其次为病苗，带病土壤、肥料也能传病。用甘薯黑斑病病薯育苗，病菌可直接侵入苗根基，在薯块上主要从伤口侵入，也可通过根眼、皮孔、自然裂口、地下虫咬伤口等侵入。在收获、储藏过程中，操作粗放，造成大量伤口，均为病菌入侵创造有利条件。窖藏期如不注意调节温、湿度，特别是入窖初期，薯块呼吸强度大，散发水分多，薯块堆积窖温高，在有病源和大量伤口情况下，整窖易发病。

预防措施：防治策略应采取无病种薯为基础，安全储藏为保证，药剂防治为辅助的综合防治措施。(1) 合理轮作，与禾本科作物进行3年以上的轮作。(2) 选用抗病能力强的优良品种，如济徐23、济薯21、商薯19、烟薯21号、徐薯25、济薯22号、烟薯25、济紫薯1号、烟紫薯2号等。(3) 建立无病留种地，利用5年以上未种植甘薯的无病地块繁育健康种薯。(4) 加强田间管理，适时中耕保墒，合理追肥。加速地下块茎膨大，增强甘薯抗病能力。(5) 苗床高剪苗，即在离床土表面5厘米处剪苗。禁止拔苗，拔苗造成薯块表面形成大量伤口，造成薯块侵染。(6) 药剂防治，用50%多菌灵可湿性粉剂500倍液、50%甲基硫菌灵可湿性粉剂500倍液或2.5%的适乐时（咯菌腈）500倍液药剂浸种5分钟后排种。薯苗栽插前用2.5%适乐时（咯菌腈）200倍液或70%多菌灵粉剂800 ~ 1 000倍液药剂浸秧（薯苗基部10 ~ 15厘米）10分钟，发病初期应喷施50%多菌灵可湿性粉剂或75%白菌清可湿性粉剂500倍液，7天一次，连续喷施2 ~ 3次。

65. 薯块表面黑皮

表现症状：薯块表皮有黑褐色病斑像黑痣，湿度大时，病部产生灰黑色霉层。受害病薯易失水，逐渐干缩，发病重时，病部硬化，产生微细龟裂，影响产品质量和食用价值。见图65-1。

发生原因：甘薯黑皮病又称甘薯黑痣病，由于不科学的引种、连作和栽培措施不当等，引起该病较普遍地发生。病菌主要在病薯块上及薯藤上或土壤中越冬。翌春育苗时，引致幼苗发病，以后产生分生孢子侵染薯块。该菌可直接从表皮侵入，发病温度6 ～ 32℃，温度较高利其发病。连作地块、夏秋两季多雨或土质黏重、地势低洼或排水不良及盐碱地发病重。

预防措施：（1）建立无病留种地：黑痣病严重发生区，选用3年以上未种甘薯的地块繁育健康种薯，薯块单收、单藏。（2）培育无病薯苗：严格挑选健康种薯，剔除带病薯块，用50%多菌灵可湿性粉剂500倍液、50%甲基硫菌灵可湿性粉剂500倍液或2.5%的适乐时（咯菌腈）500倍液浸种5分钟。（3）药剂浸苗：2.5%的适乐时（咯菌腈）200倍液或70%多菌灵粉剂1 200倍药液浸苗基部10分钟。（4）农业防治：适期晚栽，春薯适当晚栽可减少黑痣病的发生；适时收获，日平均气温在15℃左右收获最好；实行轮作，可以与禾本科作物，实行2年以上的轮作。

图65-1　黑痣病薯块

66. 薯肉切面出现褐色环或变软流清水

表现症状：薯块横切面靠近表皮的地方出现一圈褐色环（图66-1，左），随着贮存期的延长颜色逐步加深，蒸煮时发硬蒸不熟，影响品质，温度升高时薯块容易腐烂。严重时薯块变软，薯皮和薯肉分离，用手捏会有清水从薯块中流出（图66-1，右）。

图66-1 受冷害薯块

发生原因：薯块横切面出现褐色环是受冷害所致，当在大田中收获过晚，气温下降到4℃左右，或者储藏期窖温长期低于8℃，薯块易受到冷害；薯块变软手捏有清水流出是冻害所致，一般当土温或窖温低于3～4℃时，易发生冻害。

预防措施：(1) 适时收获，必须在气温低于8℃前收获完毕。(2) 收获时选晴天上午收刨，经过田间晾晒，尽量当天收刨当天入窖，不能在地里过夜。(3) 窖温保持10～14℃，湿度保持85%～90%，加强管理，确保安全储藏。

67. 贮存期薯块长白毛、黑毛

表现症状：在甘薯储藏期间，薯块变软，呈水渍状，薯皮上有"白毛"或"黑毛"状菌丝（图67-1）。

发生原因：是由接合菌亚门接合菌纲毛霉目毛霉科根霉属多病菌（优势病原物为黑根霉菌）引起的甘薯软腐病。病菌从伤口侵入，病组织产生孢囊孢子借气流传播，进行再侵染。薯块损伤、冻伤，易于病菌侵入。发病的最适温度15～23℃，相对湿度高、储藏时有水滴处易发病。储藏窖储藏前消毒不彻底、薯块受伤或遭受冷害，易被病菌侵入。

预防措施：(1) 适时收获，并做到当天收获当天入窖，防止薯块受到冷害，同时，在收获储藏过程中，要轻挖、轻装、轻运、轻卸，尽量减少薯块破伤。(2) 加强储藏期管理，窖温保持在10～14℃，特别是在储藏中期要及时封闭窖口，并加盖覆盖物，注意防冻保温；储藏期间如果在甘薯堆表面发现病薯，应及时拣出。(3) 采用大屋窖储藏的地区，可结合防治黑斑病进行高温愈合处理。

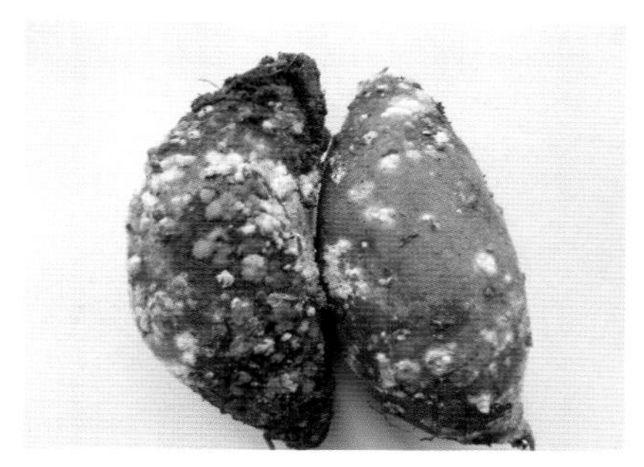

图67-1 软腐病薯块

68. 薯块干硬皱缩

表现症状：一般从薯块末端形成坚硬的棕褐色的腐朽状，最后薯块皱缩干硬，表面产生丘疹状突起，内部呈煤黑色。见图68-1、图68-2。

图68-1 薯块干缩

图68-2 薯块头部干缩

发生原因：是由半知菌亚门瘤座孢目镰刀菌属的尖镰刀菌和腐皮镰刀菌、子囊菌亚门间座壳属的甘薯间座壳菌引起的甘薯镰刀菌干腐病。初侵染源是种薯和土壤中越冬的病原菌，主要从伤口侵入，储藏期扩大危害。收获时过冷、过湿、过干都有利于储藏期干腐病的发生。发病最适温度为20～28℃。

预防措施：(1) 培育无病种薯，选用3年以上的轮作地作为留种地，从采苗圃高剪苗栽插夏薯。(2) 精细收获，小心搬运，避免薯块受伤，减少感病机会。(3) 入窖初期进行高温愈合处理。

图书在版编目（CIP）数据

图说甘薯生长异常及诊治/张立明，张振臣主编．—北京：中国农业出版社，2019.1

（专家田间会诊丛书）

ISBN 978-7-109-24372-9

Ⅰ．①图…　Ⅱ．①张…　②张…　Ⅲ．①甘薯-病虫害防治-图解　Ⅳ．①S435.31-64

中国版本图书馆CIP数据核字（2018）第160566号

中国农业出版社出版

（北京市朝阳区麦子店街18号楼）

（邮政编码　100125）

责任编辑　郭银巧

北京通州皇家印刷厂印刷　　新华书店北京发行所发行

2019年1月第1版　　2019年1月北京第1次印刷

开本：880毫米×1230毫米　1/32　　印张：2.75

字数：90千字

定价：27.80元